MANUEL

DU FABRICANT

D'ÉTOFFES IMPRIMÉES,

ET DU FABRICANT

DE PAPIERS PEINTS.

DE L'IMPRIMERIE DE CRAPELET,

RUE DE VAUGIRARD, N° 9.

MANUE

DU FABRICANT

D'ÉTOFFES IMPRIMÉES,

ET DU FABRICANT

DE PAPIERS PEINTS,

CONTENANT

LES PROCÉDÉS LES PLUS NUVEAUX POUR IMPRIMER LES
ÉTOFFES DE COTON, DE LIN, DE LAINE ET DE SOIE, ET
POUR COLORER LA SURFACE DE TOUTES SORTES DE PAPIERS.

PAR L. SÉB. LE NORMAND,

Professeur de Technologie et des Sciences physico-chimiques appliquées aux arts; l'un des collaborateurs du Dictionnaire Technologique; membre de plusieurs Sociétés savantes, nationales et
étrangères.

Avec un grand nombre de figures.

PARIS.

À LA LIBRAIRIE ENCYCLOPÉDIQUE DE RORET,
RUE HAUTEFEUILLE, AU COIN DE LA RUE DU BATTOIR.

1830.

PRÉFACE.

Les deux arts que nous avons réunis dans un même volume, ont trop de rapports entre eux pour que nous ayons cru devoir les séparer. En effet, l'un et l'autre se servent de planches, construites de la même manière, pour porter des couleurs sur la surface des étoffes que chacun d'eux soumet à l'impression. Les manipulations sont les mêmes dans beaucoup de circonstances. Il n'y a pas même jusqu'à la composition de certaines couleurs qui ne soit commune entre eux. Le lecteur, nous n'en doutons pas, sera bien aise de trouver sous le même cadre la description de deux arts curieux et importans, dont l'un a donné naissance à l'autre.

La fabrication des étoffes peintes a fait de si grands progrès, depuis un petit nombre d'années, qu'il était nécessaire de les décrire en faisant connaître aux ouvriers les machines nouvelles qui ont été imaginées, les procédés nouveaux qu'on emploie journellement dans ce bel art.

Déjà le savant M. Vitalis, ancien profes-

seur de Chimie Technologique, officier d
l'Ordre royal de la Légion-d'Honneur et d
l'Université, avait, pendant vingt année
consécutives, donné des leçons publique
dans la ville de Rouen. M. Vitalis, qu
cette cité, célèbre par ses manufactures, re
grettera long-temps, avait, dans son *Cour
élémentaire de Teinture*, fait connaître le
procédés nouveaux; il avait non seulemen
donné les règles de pratique à suivre dan
la fabrication, mais il y joignait toujours l
théorie aux préceptes qu'il avait posés. Nou
n'avons pas hésité à copier, de ce savan
tout ce que nous avons pu puiser dans ce
excellent ouvrage; il a bien voulu nous
autoriser.

Feu Molard jeune, directeur-adjoint a
Conservatoire des arts et métiers, qu'un
mort prématurée a enlevé, à la fleur de so
âge, aux arts industriels, auxquels il a rend
tant de services; Molard avait exploré le
manufactures anglaises, et avait, dans u
mémoire très détaillé, donné la traductio
des descriptions des machines inventées e
Angleterre, et employées dans la fabrica
tion des toiles peintes. Nous avons profi
de ses observations et de ses plans.

Plusieurs ouvrages anglais, et surtou
ceux de *Samuel Parkes*, nous ont beau

oup servi pour compléter, autant qu'il a
té en nous, la description de l'art de fa-
riquer les toiles peintes, au moment où
ous avons pris la plume.

L'art d'imprimer les toiles de coton et
elui d'imprimer les toiles de lin sont ba-
és sur les mêmes principes : les couleurs,
es mordans, les rongeans, les machines
mployées pour l'impression sont les mêmes ;
l ne s'agissait que de donner aux couleurs
ine solidité égale et plus parfaite : M. de
Kurrer nous en a fourni les moyens.

Nous ne nous sommes pas borné à décrire l'art d'imprimer sur coton et sur fil ;
nous avons décrit dans la seconde partie
de ce *premier Manuel* l'art d'imprimer les
étoffes de laine et les étoffes de soie. Nous
avons mis à contribution le savant Mémoire
que M. de Kurrer fit imprimer en allemand
dans le *Journal polytechnique de Vienne*,
que nous avons fait traduire, et auquel
nous avons ajouté quelques expériences qui
nous sont propres. Nous avons mis tous nos
soins à réunir, sous un même cadre, tout
ce qui est venu à notre connaissance sur le
bel art d'imprimer des couleurs locales sur
toutes sortes d'étoffes tissées.

Le papier est aussi une étoffe, mais
celle-ci est placée dans la classe des feutres,

et nous aurions cru laisser une lacune dans notre travail, si nous eussions omis cette branche importante de l'impression sur étoffes.

L'art du fabricant de papier à tenture est distinct et séparé de celui du fabricant de toiles peintes ; nous avons dû en faire un Manuel séparé et distinct. Les papiers peints servent à plusieurs usages, et nous avons voulu décrire les divers procédés. Cette considération nous a engagé à diviser ce *Manuel* en deux parties.

Dans la Première, nous avons traité exclusivement des papiers à tenture.

Dans la Seconde, nous ne nous sommes occupé que de la coloration, ou de la peinture, si l'on veut, des papiers employés dans plusieurs arts, à tout autre usage qu'à la tenture des appartemens.

Nous n'écrivons jamais sur la Technologie qu'après avoir visité les ateliers, y avoir pris connaissance des diverses manipulations qu'on y exerce, et après avoir lu tout ce qui a été écrit soit en France, soit à l'étranger, sur l'art que nous nous proposons de décrire, et nous profitons de tout ce qui a été imprimé, lorsque nous le trouvons conforme à ce que nous avons vu pratiquer devant nous, ou que nous jugeons

être des améliorations, des perfectionnemens. Nous n'imitons pas certains auteurs
qui se parent des plumes du paon, en changeant la tournure des phrases pour s'en ap-
proprier le sens, et faire croire par là qu'ils
sont les créateurs des bonnes choses qu'ils
impriment.

Le vrai Technologue n'agit pas ainsi : il
n'ignore pas que dans la description d'un
art, il ne peut pas plus créer que dans la
narration d'un fait. Lorsqu'il rencontre,
dans un auteur estimé, des descriptions
vraies et qu'il juge utiles à promulguer, il
indique la source dans laquelle il puise, et
transcrit littéralement le passage. Il n'ignore
pas que son mérite est assez grand, par le
bon choix qu'il a su faire, et par la perte de
temps qu'il évite au lecteur, en le dispen-
sant de parcourir un tas de volumes qu'il
aurait souvent beaucoup de peine à se procurer. Il rassemble sous un même faisceau
tout ce qu'il a cru utile pour éclairer le lecteur sur la connaissance de l'art qu'il a en-
trepris de décrire.

Voilà la marche que nous avons suivie,
notre but a été d'être utile ; si nous avons
réussi , nous serons amplement dédom-
magé de nos peines.

ERRATA.

Pages	lignes	au lieu de,	lisez,
11,	13,	taillées,	taillés.
65,	17,	tons blancs,	fonds blancs.
69,	6,	conçoi,	conçoit.
101,	14,	partie,	poulie.
139,	6,	tartareux,	tartarique.
181,	24,	soient,	sont.
191,	4,	la,	les.

MANUEL

DU FABRICANT

D'ÉTOFFES IMPRIMÉES,

VULGAIREMENT APPELÉES INDIENNES,

SUR TOUTES SORTES DE TISSUS

FORMÉS DE SUBSTANCES FILAMENTEUSES.

INTRODUCTION.

L'ART d'imprimer les étoffes, de quelque substance filamenteuse qu'elles soient formées, est fondé sur les mêmes principes que l'art de la teinture. Il faut, dans l'un et dans l'autre, extraire les matières colorantes des substances qui les renferment, et les fixer sur les étoffes par d'autres substances qu'on peut regarder comme intermédiaires, et qu'on désigne dans les ateliers sous le nom de *mordans.* En général, l'art d'imprimer les étoffes consiste à fixer sur l'une de leurs surfaces des dessins diversement coloriés, imitant ordinairement des fleurs ou des fruits

1

brillant de leurs couleurs naturelles, tandis que le fond conserve sa blancheur ou la couleur dont on l'a teint.

On ne connaît pas l'origine de l'art d'imprimer les étoffes : il paraît qu'il est fort ancien, qu'il a pris naissance dans l'Inde, que de là il est passé en Égypte, d'où il a été importé en Europe. On lui donna d'abord le nom d'*indienne*, parce qu'avant d'en connaître la fabrication, on désignait ces toiles peintes sous le nom d'*indiennes*, par rapport à la contrée qui nous les fournissait, et ce nom leur est vulgairement resté.

Les Indiens n'avaient exercé leur industrie que sur le coton, qui est si abondant dans leur pays. On commença aussi en Europe par l'impression sur coton; on s'en tint là pendant très longtemps, et ce n'est que depuis une vingtaine d'années que l'on imprime, par des moyens analogues, les étoffes de laine, de soie et de lin.

Les procédés sont aujourd'hui connus pour imprimer toutes sortes d'étoffes, et ce Manuel est destiné à les répandre avec tous les détails nécessaires pour en faire connaître les manipulations. Afin de mettre l'ordre nécessaire dans nos descriptions, nous avons divisé ce Manuel en trois parties, c'est-à-dire en autant de parties

ie nous avons de substances différentes à traiter. Nous les avons classées dans l'ordre chrono-
logique selon lequel on a imaginé le moyen de
les fabriquer, et qui renferme en même temps
l'ordre des difficultés qu'on est parvenu à vain-
cre. Cet ordre est le suivant : *coton et lin*, *laine*,
soie. Cette division nous fournira les moyens d'a-
bréger considérablement nos descriptions.

PREMIÈRE PARTIE.

DE L'IMPRESSION DES ÉTOFFES DE COTON ET DE LIN.

LES procédés pour l'impression des toiles de lin étant les mêmes que pour les toiles de coton, nous ne parlerons que de ces dernières : tout ce que nous dirons sur le coton est applicable au lin.

Les étoffes de coton sur lesquelles l'imprimeur exerce son art, sont connues dans le commerce sous le nom de *calicots*, plus ou moins fins, tissés unis, c'est-à-dire à deux marches. On imprime quelquefois sur mousseline ; mais les procédés étant les mêmes pour toutes les étoffes de coton, nous n'en ferons aucune différence dans nos descriptions.

Ces étoffes exigent toujours des préparations plus ou moins multipliées, selon qu'elles sont livrées à l'imprimeur par le tisserand lui-même, ou par le commerce. Dans ce dernier cas, elles n'ont presque pas besoin de préparation, parce que le manufacturier a intérêt de livrer ses toiles appré-

..es, afin de leur donner un coup d'œil plus agréable; cependant, comme ceci n'est pas une mesure générale, nous entrerons dans les détails des préparations, et pour cela nous supposerons que l'imprimeur les reçoit du fabricant au sortir du métier.

CHAPITRE PREMIER.

PRÉPARATION DES ÉTOFFES.

CES préparations sont au nombre de cinq, dont voici l'énumération; elles consistent: 1°. à bien *dégraisser* les toiles; 2°. à leur donner le *roussi*; 3°. à leur faire subir l'opération du *blanchissage*; 4°. celle du *passage au sur*; 5°. celle du *calandrage*. Nous allons décrire successivement chacune de ces opérations.

§. I. *Dégraissage des toiles.*

Au sortir du métier, les toiles sont imprégnées de colle et d'une matière grasse dont on couvre les fils, afin de les faire glisser plus aisément. Dans la seconde opération, cette graisse fondrait nécessairement, se répandrait sur l'étoffe, la tacherait et empêcherait la couleur de prendre;

il est donc important de l'enlever entièremen[t]

Pour cela, on les fait tremper pendant ving[t]
quatre heures dans une dissolution de potasse u[n]
peu caustique, marquant de 1 à 2 degrés à l'a[-]
réomètre de Beaumé, chauffée à la température
de 30 degrés (*Réaumur*) : on les lave, on les replonge ensuite dans la même lessive de potasse,
on les fait bouillir pendant quinze ou vingt minutes, on les lave avec soin à la mécanique que
nous allons décrire, pour en enlever toute la lessive, chargée des parties graisseuses avec lesquelles l'alcali s'est combiné, et a formé un savon
qui se dissout parfaitement dans l'eau qui l'entraîne.

Première machine à laver les étoffes, Pl. I, fig. 1.

La *fig.* 1 représente la machine vue en per-
spective. On voit en *C*, *D*, une bâche ou un coffre
dans lequel tourne le cylindre *A*, dont l'intérieur
est divisé en quatre compartimens par deux plans
qui se coupent à angles droits, suivant l'axe du
cylindre. On a supprimé dans la *fig.* un quart du
fond du cylindre pour montrer l'intérieur de l'un
des compartimens.

Dans les bonnes manufactures, on ne fait pas
chauffer les liquides dans des chaudières bâties

dans des fourneaux, à l'aide du feu qu'on entretient dans les foyers; c'est à l'aide de la vapeur de l'eau bouillante, que l'on fait arriver dans des baquets de bois, plus ou moins grands selon les circonstances, par de petits tuyaux en cuivre armés de robinets. Ce moyen est infiniment plus économique; il supprime les chaudières en cuivre, les fourneaux, l'entretien du feu sous chaque chaudière, ce qui est très dispendieux : on y substitue des baquets en bois, construits avec des douves et cerclés en fer, qui permettent aux ouvriers de manipuler auprès sans danger. Un seul feu chauffe une grande chaudière, en forme d'alambic, fournit une vapeur abondante qu'on dirige dans les baquets, comme nous l'avons déjà dit, et on en arrête l'émission en fermant le robinet.

Dans cette hypothèse, que nous supposerons toujours existante dans les ateliers, voici comment on opère avec la machine à laver. On verse dans la bâche C, D, l'eau en quantité convenable pour qu'elle s'élève à un décimètre dans le cylindre A. La bâche C, D, est garnie d'un tuyau à vapeur partant de la chaudière. On laisse arriver ce fluide jusqu'à ce que l'eau et les pièces soient chauffées au *maximum,* c'est-à-dire presque au degré de l'ébullition. On fait retomber le couvercle B, et l'on met le cylindre en mouvement; les trous qui sont sur le fonds laissent entrer librement l'eau chaude et la vapeur. La vitesse du cylindre doit être telle qu'on doit entendre tomber les pièces d'une cloison sur l'autre, chaque fois qu'il est élevé hors de l'eau. Si le mouvement était trop rapide, le linge serait retenu, par la force centrifuge, contre les parois du cylindre; s'il était trop faible, il coulerait le long des cloisons : dans les deux cas il n'y aurait que peu ou point d'effet produit. Quand la machine a la vitesse convenable, elle peut laver sa charge de pièces en moins d'une demi-heure.

Deuxième machine à laver les étoffes, Pl. I, fig. 2.

Il a été inventé depuis peu, en Angleterre une machine à laver qui est employée avec avantage dans la blanchisserie établie à Paris, sur la Seine, en face du Louvre; elle diffère de la précédente, par plusieurs dispositions importantes. L'intérieur de la roue B est divisé, comme la précédente, par des cloisons diagonales, en quatre parties égales, sans communication les unes avec les autres; les objets à laver s'introduisent par

s ouvertures elliptiques *d, d, d, d,* qui sont
suite exactement fermées. L'axe de rotation est
eux et communique intérieurement, par des
ous, avec chacun des compartimens, et exté-
eurement avec les tuyaux *a, b, c,* garnis de ro-
nets. Le premier sert à introduire de la vapeur
ins la roue, le second de l'eau de savon, le
oisième de l'eau pour le rinçage. On ouvre l'un
i l'autre de ces robinets, selon le besoin qu'on
i a. Le liquide, après avoir séjourné un temps
iffisant dans la roue à laver, sort par des ou-
ertures pratiquées sur quatre points de la cir-
onférence de la roue également distans. Les
uvertures dont nous venons de parler, et qui
orrespondent chacune à une division de la roue,
ont rectangulaires ; elles sont disposées sur la
ième circonférence et sur une même ligne pa-
allèle à l'axe de rotation ; elles peuvent s'ouvrir
et se fermer toutes à la fois par une plaque à
oulisse qui ferme séparément chacune des ouvertures. Un cercle léger en fer enveloppe librement la circonférence du cylindre de la machine
et ne peut obtenir qu'un mouvement de va-et-
vient circulaire, à cause de quatre ouvertures
longitudinales d'une longueur égale au trou pra-
iqué pour laisser sortir l'eau. Chaque plaque à

coulisse porte un bouton qui entre librement,
avec un peu de jeu, dans des trous semblabl
pratiqués dans le cercle de fer, indépendamme
des trous longs dont nous avons parlé. Sur la ci
conférence du cylindre sont fixés, dans des poin
correspondans aux trous longs du cercle de fe
des goujons en fer qui entrent dans ces trous
une cheville en fer qui traverse chaque gouj
retient le cercle à une hauteur convenable pou
lui laisser toute sa liberté et l'empêcher de sort
de la place qu'on lui a assignée. Ce cercle e
garni d'un talon fort, destiné à le faire mouvo
en avant ou en arrière, afin d'ouvrir ou de fer
mer à volonté les quatre trous à la fois pour fair
sortir l'eau ou pour l'y retenir.

Actuellement, il est facile de concevoir le je
de cette machine. Si le cercle est poussé en avan
autant que lui permettent les goujons qui passen
dans l'entaille longitudinale, les quatre trous son
fermés ; mais si l'on tire le talon en arrière, au
tant que le permet la longueur de l'entaille lon
gitudinale, tous les trous sont ouverts, puisqu
le cercle entraîne avec lui les plaques à coulisse
par les boutons qui sont liés avec lui, en entran
dans les trous ronds qui y sont pratiqués : ce
mouvement ne se fait pas à la main, il est produi

ar la rencontre d'une pièce en fer fixée contre
s montans x, y.

Le liquide qui s'écoule est recueilli sous la roue
ar un encaissement qui le conduit au dehors.
ette roue, celle qui précède et celle qui va sui-
re, reçoivent le mouvement du moteur adopté
ans l'établissement, par des courroies que l'on
eut facilement *embréer* ou *débréer*, comme on
 verra dans la description qui va suivre.

Troisième machine à laver les étoffes, Pl. I, fig. 3.

Le rinçage à l'eau froide se fait, sur un cou-
ant, par un moyen facile à concevoir. On se sert
e cylindres à grosses cannelures ou taillées en
olygones, de sorte que la toile qui passe entre
ux éprouve un battage qui la dégorge.

Dans les localités où l'on n'a pas de courant
eau claire, on se sert de roues à laver dans le
enre de celles que nous venons de décrire (*fig.* 1
 2) dans les deux articles précédens. La *fig.* 3
eprésente en coupe horizontale cette nouvelle
achine, qui offre quelques dispositions diffé-
ntes de la précédente.

C'est un tambour de 2 mètres de diamètre,
2 millimètres (30 pouces) de long, tournant
r son axe avec une vitesse de trente tours par

minute environ, et qui emploie la force d'
demi-cheval. Son intérieur est divisé, comme l
deux précédentes, en quatre compartimens, p
des cloisons, dans la direction du rayon, formé
par des planches qui laissent entre elles des o
vertures de 27 millimètres (1 pouce). Le fond
est percé, comme la précédente (pag. 9);
quatre grands trous ovales correspondant a
compartimens, et le fond C, est percé tout auto
de l'axe et du bord extérieur, près de la circo
férence, d'un grand nombre de petits trous p
lesquels l'eau, introduite dans la roue par l'a
même du cylindre, comme la précédente (p. 9
s'échappe, à mesure qu'elle y arrive, par u
rangée de trous *a*, *b*, pratiqués sur une circo
férence intermédiaire où elle est jetée, à de
points diamétralement opposés, par deux tuya
m, *n*, correspondant à un grand tube D, gar
d'un robinet E : on voit en *r*, *r*, *r*, etc., les tro
par lesquels l'eau est introduite.

Les pièces de toile à dégorger étant jeté
dans le tambour par les ouvertures du fond B, u
paquet à peu près égal dans chaque compart
ment, on met la roue en mouvement, et l'on o
vre en même temps le robinet I; ces paquets, sa
cesse remontés et retombant de même par le

ropre poids, tantôt de la circonférence sur l'axe, et de l'axe sur la circonférence, se trouvent, au bout d'une heure, parfaitement dégorgés.

Cette roue, comme celles qui précèdent, peut tre mise en mouvement, ou être arrêtée à vonté, par le levier d'embréage *d*, à l'aide d'un mécanisme très simple, qu'il est important de écrire une fois pour toutes.

Une pièce circulaire *f*, ordinairement en fer u en bronze, est invariablement fixée sur l'arbre le la roue, et ne peut tourner qu'en l'entraînant. Une pièce semblable et à manchon *g*, peut se mouvoir librement sur le prolongement de cet arbre : cette pièce *g*, porte la poulie *h*, sur laquelle passe la courroie qui la fait tourner. La pièce *f*, porte deux ou plusieurs forts taquets *i*, *i*, qui, lorsqu'ils sont engagés dans les croisillons le la pièce *g*, reçoivent le mouvement imprimé la poulie *h*, et lorsqu'ils ne sont plus en prise, a poulie *h*, peut tourner sans entraîner la pièce *g*, t par conséquent le tambour. On appelle *embréage* la communication de ces deux pièces, et *débréage* leur séparation.

C'est par le moyen du levier coudé *d*, que s'opère ce changement. Le levier a son centre de mouvement au point *o*, sur le bâti de la machine;

2

son petit bras est engagé entre les deux parois
la poulie, dans la partie qui n'est pas couver
par la bande de cuir qui transmet le mouvemen
de sorte qu'en élevant le bras du levier *d*, o
rapproche les deux pièces *f*, et *g*, qui marchen
ensemble, et l'on a fait l'*embréage*. Lorsqu'o
veut arrêter le tambour, on baisse le bras *d* d
levier, les deux pièces *f*, et *g*, désengrènent,
poulie *h*, tourne seule, le tambour ne bouge plu
et le *débréage* est opéré.

Cette machine est mise en mouvement par
moteur de l'établissement, soit par eau, par ma
chine à vapeur ou manége : c'est ce que nous en
tendrons toujours en parlant de *moteur* : nou
ne le répéterons plus.

§. II. *Roussi des toiles.*

Les calicots et même les étoffes de laine et de li
sont, après le dégraissage, couvertes d'une espèc
de duvet qui hérisse leur surface et qui s'oppos
rait à ce que les traits de l'impression fussent bie
nets ; on est obligé de les brûler, et c'est là
qu'on appelle *donner le roussi*. Pour cette opéra
tion, on coud ordinairement dix pièces les un
à la suite des autres ; on les faisait passer d'abor
sur un demi-cylindre en fer, tenu toujours a

ouge presque blanc par la chaleur. Ce mode a
té abandonné, et l'on y a substitué les procédés
que nous allons décrire, et que nous empruntons
 feu M. Molard jeune, qui les a publiés dans le
Dictionnaire technologique, au mot Grillage des
toffes.

 Deux procédés sont en usage pour obtenir le
oussi, ou le grillage ou flambage des calicots;
 esprit de vin et le gaz hydrogène carboné.

Machine à opérer le grillage par l'esprit de vin,
Pl. I, fig. 4.

L'appareil adopté pour cet effet est assez sim-
le. La condition essentielle consiste à maintenir
 esprit de vin à une très basse température jus-
u'à son arrivée dans le tuyau où la combustion
 lieu: ainsi, il est mis dans un réservoir A, A′,
lacé dans l'intérieur d'un réfrigérant C, dans
 quel on renouvelle fréquemment l'eau.

 On introduit l'esprit de vin par l'entonnoir a,
n le retire par le robinet b. De petits tuyaux c,
nplantés verticalement sur la branche A′, les-
uels sont garnis de robinets, portent l'esprit de
in dans le tuyau brûleur B. Le réfrigérant en-
eloppe le réservoir d'esprit de vin; on l'entre-
ent plein d'eau froide, au moyen d'un réservoir

supérieur qui coule continuellement par un peti
orifice, et l'eau chaude sort aussi continuelle
ment par un tuyau de trop-plein *d*, et s'écoul
dans un récipient inférieur.

Les mèches, placées dans toute la longueur d
tuyau brûleur B, sont d'amianthe; elles sont con
tenues dans une mince feuille d'argent replié
sur elle-même, ayant 25 millimètres de large
elle est percée d'une multitude de trous, par les
quels l'esprit de vin arrive à la mèche.

Tout le reste de cet appareil est comme dan
celui au gaz, que nous allons décrire, et son tra
vail est aussi satisfaisant. On ne pourrait pas ce
pendant, comme avec le gaz, brûler à flamm
renversée.

Appareil pour le grillage par le gaz hydrogène,
Pl. I, fig. 5.

La *figure* 5 représente une section verticale d
cet appareil. Sa dimension est telle, dans le ser
perpendiculaire à la section, qu'elle admet le
tissus les plus larges.

Le tuyau A, horizontal, en cuivre, est étamé;
occupe le bas de l'appareil. Dans ce tuyau arriv
le gaz hydrogène produit par la distillation d
l'huile ou d'autres corps gras, que les Anglai

préfèrent, parce que sa puissance lumineuse est trois fois plus forte que celle du charbon de terre.

Les tuyaux B, B, sont également en cuivre ; ils sont adaptés latéralement au tuyau A, et par des-sous les tuyaux *flambeurs* C, C. Ils sont, de cha-que côté, au nombre de cinq, tous munis d'un robinet *a*, *a*. Nous nommons les tuyaux C, C, *flambeurs*, parce que c'est de ces tuyaux que part la flamme *b*, *b* à travers une multitude de petits trous percés en ligne droite dans la partie supé-rieure.

La flamme *b*, *b*, se précipite dans les tuyaux D, D, à travers une fente pratiquée, dans toute leur longueur, à la partie inférieure.

Le grand tuyau horizontal E, correspond au milieu de l'appareil dans la partie supérieure. Sur le milieu de ce tuyau en est ajusté un autre qui va aboutir à une espèce de machine pneu-matique, au moyen de laquelle on aspire forte-ment l'air contenu dans tout le système de tuyaux E, D, D, et tous les tuyaux F, F, qui éta-blissent la communication entre eux ; ces tuyaux F, F, garnis en *c*, *c*, de robinets, sont au nombre de dix, cinq de chaque côté.

Deux paires de cylindres G, G, en bois, revêtus de futaine, sont disposés en laminoirs; ils tournent sur leurs axes dans le sens des flèches, et entraînent dans leur mouvement la pièce d'étoffe *d, d*, avec une vitesse d'environ un mètre par seconde. La paire de cylindres G, à droite, est la seule commandée par des engrenages; l'autre paire G, à gauche, est libre sur les tourillons, et ne fait qu'obéir au mouvement que lui imprime la pièce d'étoffe tirée par le laminoir de l'autre côté. Il convient de remarquer ici que les cylindres inférieurs, dans chaque paire, sont embrassés, de 3 pouces en 3 pouces, par des fils de lin de couleur qui circulent avec eux; l'objet de ces fils est de servir de guide au chef de la pièce quand on commence le travail.

Des brosses sont placées par paires aux points H, H, en avant des flammes *b, b*, pour relever le duvet; les brosses supérieures se déplacent pour avoir la facilité de passer le bout de la première pièce, et sont replacées après que cette opération est faite.

Les frottoirs I, I, en bois, garnis de futaine, sont placés derrière les flammes pour éteindre les étincelles que la toile pourrait entraîner avec elle; le dessus de ces frottoirs s'enlève également pour passer la pièce.

Actuellement, supposons que l'appareil est en
ctivité; que le *gazomètre* fournit le gaz avec la
ession convenable; que la machine pneumati-
ue fait une espèce de vide dans le système des
yaux qui lui correspondent; que tous les ro-
nets, ou du moins ceux qui correspondent à la
rgeur de la pièce, sont ouverts; qu'on a mis la
ile en circulation : alors on allume le gaz sur
 deux rangées, dont la flamme, entraînée par
ir qui se précipite dans les tuyaux D, D, tra-
rse la toile sans lui causer aucun dommage, à
use de la rapidité avec laquelle cette toile cir-
le. Le flambage est quelquefois terminé en un
ul voyage, quand l'étoffe a été bien dégorgée
 bien séchée; mais ordinairement on passe les
icots deux fois, en changeant les côtés, c'est-
ire en mettant dessus, dans le second voyage,
ace qui était dessous dans le premier. Les toiles
es, les mousselines, les tulles ou bobinets pas-
t quatre fois, mais avec une vitesse double;
 le mécanisme qui les fait circuler est suscep-
e de prendre toutes les vitesses qu'on veut,
 un changement d'engrenages.

ndépendamment des deux manœuvres occu-
 à faire jouer la machine pneumatique et
rner la mécanique de l'appareil, quand il n'y

a pas de moteur mécanique, il faut deux personn[es]
très soigneuses pour diriger le travail : l'une plac[ée]
du côté de G, à gauche, pour étendre l'étoffe à s[on]
entrée dans les cylindres, et l'autre en face, [à]
droite, pour la faire plier régulièrement à [la]
sortie. On en coud, par les chefs, comme no[us]
l'avons dit, plusieurs pièces ensemble. On ne d[oit]
jamais arrêter la machine que quand tout [est]
passé, parce que le moindre repos met le feu [à]
l'étoffe.

Les cendres du duvet que la flamme entra[ine]
dans les tubes D, D, finiraient par les obstruer[, si]
l'on n'avait pas soin de faire agir, par un m[ou]-
vement de va-et-vient, dans le sens de la l[on]-
gueur de ces tubes, une brosse ou écouvill[on]
fait de fils de laiton.

L'effet du vide, ajoute M. Molard, étant d'[en]
tirer vers lui la flamme avec beaucoup de for[ce,]
on peut aussi-bien la diriger en bas qu'en haut[. Si]
l'on apportait cette disposition à un des tu[bes]
brûleurs, ce qui ne semble pas difficile, on [ne]
serait plus tenu de tourner les toiles sens des[sus]
dessous au second voyage, puisque les deux [cô]-
tés auraient éprouvé le même flambage : il [en]
résulterait que les toiles qui n'ont besoin [que]
d'un seul flambage seraient grillées plus égalem[ent]

Avant qu'on eût adapté à cet appareil une
achine pneumatique, l'effet en était peu satis-
isant; la flamme, n'étant point attirée, ne tra-
ersait point la toile quand celle-ci était un peu
errée; elle ne brûlait que le duvet qui se trou-
rait du côté par où elle arrivait, et encore très
mparfaitement. C'est à Samuel Hall, chimiste anglais, qu'on doit le perfectionnement de cet appareil, qu'on a adopté à Paris, à Lille, à Rouen, etc.

La machine pneumatique est trop connue pour
que nous nous attachions à la décrire. On peut
y suppléer par des soufflets aspirateurs tels que
ceux dont Samuel Hall fait usage. Ce sont trois
cuves cylindriques en tôle, renversées chacune
dans une bâche pleine d'eau, placées en ligne
droite. Les deux cuves extrêmes portent à leurs
fonds une soupape qui s'ouvre de bas en haut;
elles sont suspendues et en équilibre, sur les extrémités d'un balancier entretenu dans un mouvement oscillatoire par une force motrice. Elles
plongent librement dans l'eau contenue dans les
bâches. Nous parlerons plus bas de la troisième.

Les bâches sont presque pleines d'eau : chacune est munie d'un tuyau vertical qui s'élève
au niveau de ses parois, et est muni à son orifice
supérieur d'une soupape qui s'ouvre du dedans

au dehors. Ce tuyau, après avoir traversé le fond de la bâche, va se réunir à un long tuyau horizontal, placé au-dessous des trois bâches, et se relève ensuite pour se réunir aux tuyaux X de la *figure* 5.

On conçoit le jeu de la machine : les deux cuves extrêmes, considérées comme les bassins d'une balance attachés au même fléau, basculent continuellement; l'une s'élève lorsque l'autre s'abaisse. Celle qui s'élève aspire l'air; alors la soupape qui est au bout du tuyau s'élève pour le laisser passer, et il remplit la cuve. En s'abaissant, pendant que l'autre fonctionne pour l'aspiration, la première descend; la soupape, qui est sur son fond, s'ouvre, l'air sort. Mais l'aspiration ne serait pas continue par ce balancement alternatif, et il y aurait suspension aux points de retour : voici comment l'auteur y a remédié.

Il a placé entre les deux cuves dont nous venons de parler, une cuve semblablement disposée, mais suspendue par un poids à une hauteur telle, qu'il y a équilibre entre le poids et le ressort de l'air, raréfié au degré convenable pour l'aspiration. Il s'ensuit que cette cuve monte et aspire l'air quand les cuves extrêmes cessent momentanément leur fonction, et qu'en définitive l'aspi-

ation est sensiblement toujours la même. Une
petite soupape, placée sur son fond, fermée du
haut en bas par l'action d'un poids déterminé,
s'ouvre pour laisser échapper l'air qu'elle aurait
aspiré en trop grande quantité, de sorte qu'il
s'établit entre le poids et la réaction de l'air une
espèce d'équilibre qui maintient la cuve à peu
près à la même hauteur.

Lorsqu'il se manifeste, après l'opération du
flambage, quelques taches de graisse que la chaleur aurait fait paraître, on trempe de nouveau les toiles dans une faible lessive de potasse
caustique, comme nous l'avons indiqué dans le §.
précédent.

§. III. *Blanchîment des toiles.*

Beaucoup de fabricans d'indiennes, malgré tous
les avantages que présente l'emploi du chlore pour
le blanchîment, suivent toujours l'ancien système,
tant est puissante la force de l'habitude. Voici
comment ils opèrent.

Après avoir lavé les toiles dans l'eau naturelle,
ils les arrangent dans un cuvier, et ils leur donnent une bonne lessive préparée à froid. Ils ré-
duisent en poudre et mêlent bien parties égales
de potasse et de chaux vive; ils jettent ces deux

substances ensemble dans un cuvier, armé dans le bas d'une chantepleure, placée un peu au dessus du résidu terreux qui doit se déposer au fond. Ils remplissent le cuvier d'eau froide; ils agitent trois ou quatre fois le mélange dans l'espace de vingt-quatre heures; ils laissent reposer tirent le clair, qui doit marquer au plus deux degrés à l'aréomètre; ils le font bouillir et le versent bouillant sur les toiles, en entretenant par la vapeur cette température pendant cinq ou six heures. Au sortir de la lessive, ils lavent bien les pièces, et les exposent sur le pré pendant cinq ou six jours. Ils répètent la lessive et l'exposition sur le pré jusqu'à ce que les toiles aient acquis le degré de blancheur convenable. On emploie avec avantage les machines que nous avons décrites Pl. 1, *fig.* 1, ou *fig.* 2 et 3, p. 6, 8 et 11.

Les fabricans instruits emploient le chlorure de chaux, ainsi que nous allons l'expliquer. Sur dix kilogrammes de chlorure de chaux en poudre, ils versent petit à petit dix kilogrammes d'eau, ou dix litres, en délayant continuellement. Ils y ajoutent ensuite successivement deux cents litres d'eau, et brassent bien le mélange pendant quelques minutes, puis laissent déposer pendant deux heures. Au bout de ce temps, il outirent toute la solution claire, à l'aide d'un robinet placé au-dessus du dépôt, et ils remplacent cette solution par deux cents litres d'eau, qu'ils mélangent bien en brassant. On laisse déposer et on soutire à clair. On répète ces opérations quatre fois afin de dépouiller parfaitement la chaux du chlore qu'elle contient. Les deux premières solutions obtenues sont mêlées ensemble et servent à préparer le bain de chlorure pour blanchir. Les deux dernières sont mêlées entre elles pour être employées, au lieu d'eau pure, à dissoudre une nouvelle quantité de chlorure en poudre.

Si l'on employait la première fois la même quantité de chlorure que pour toutes celles qui suivent, la première solution serait plus faible que toutes les autres, puisqu'elle serait faite à l'eau pure, tandis que les suivantes doivent l'être avec des eaux de lavage qui contiennent du chlorure dissous. Pour rétablir l'égalité des proportions, il sera nécessaire d'employer dans une première opération, faite à l'eau pure, un cinquième en sus de chlorure de chaux, c'est-à-dire que si l'on veut avoir tous les jours une solution de chlorure représentant dix kilogrammes de ce chlorure, il faut la première fois en employer

douze kilogrammes, et toutes les autres dix kil[o]
grammes seulement.

Les solutions de chlorure de chaux s'opère[nt]
dans des tonneaux ou des cuviers, doublés inté[ri]eurement en plomb, munis d'un couvercle m[o]bile, et d'un robinet placé à quelques pouces d[u] fond.

On fait dégorger les toiles écrues dans d[e] l'eau tiède, ou mieux dans une lessive qui a serv[i] à passer d'autres toiles. On rince à l'eau chaude s'il s'en trouve à disposition, comme cela arriv[e] lorsqu'on emploie une machine à vapeur pou[r] moteur : on passe dans une lessive neuve, et l'o[n] rince dans les machines, *fig.* 1, 2 ou 3. On passe au chlorure de chaux pendant deux heures au moins, et douze heures si l'on a le temps. C[e] bain de chlorure de chaux, après qu'on en a tiré les toiles, peut servir à une première im- mersion d'autres toiles; on laisse ensuite couler le liquide, qu'on remplace immédiatement par du chlorure *neuf*.

On rince les toiles, on les savonne, on les lessive, on les rince, puis on les met tremper dans un deuxième bain de chlorure de chaux comme la première fois. Au sortir de ce bain, on les rince, puis on les plonge dans le bain acide, composé

environ quatre-vingt-dix-neuf parties d'eau sur
ne partie d'acide sulfurique. Si on les plongeait
ns le bain acide sans les rincer préalablement,
blanc n'en serait que plus beau, mais il se fe-
it un dégagement de chlore qui pourrait gêner.
On rince très exactement après le bain acide
à eau courante; on fait sécher.

Les proportions de chlorure de chaux en pou-
re sont un peu variables, suivant la nature des
iles; mais elles sont communément de cinq kilo-
rammes au plus pour une cuve contenant seize
nts litres d'eau, et pouvant recevoir quarante
èces pesant environ cent vingt kilogrammes
our la première opération.

Pour les toiles déjà passées une fois au chlore de chaux, il n'en faut que quatre kilogram-
es; enfin, s'il était nécessaire de passer trois
is au chlorure, la dernière fois en nécessite-
it seulement trois kilogrammes.

L'eau légèrement tiède fait mieux agir le chlore de chaux que l'eau trop froide.

§. IV. *Passage des toiles au sur.*

Il est rare que les toiles, dans leur fabrication,
même dans les opérations précédentes, n'aient
s contracté quelques taches ferrugineuses; elles

retiennent aussi quelques portions de potasse qu
restent fixées dans leur tissu, et que le lavage l
plus soigné aurait beaucoup de peine à emporter
alors on a senti la nécessité de les passer dans d
l'eau aiguisée par l'acide sulfurique, ce que le
ouvriers appellent *passer au sur*. Sur soixant
parties d'eau contenues dans une cuve doublé
en plomb, ils versent une partie d'acide sulfur
que concentré ; après avoir bien agité l'eau, o
la fait chauffer, par la vapeur, à trente-cinq o
quarante degrés ; alors on y jette les pièces cou
sues l'une au bout de l'autre, en les faisant cir
culer rapidement à l'aide d'un *moulinet* placé su
la cuve, tandis qu'un ouvrier les tient, à l'aid
d'un bâton, toujours immergées dans le bai
Au bout d'un quart d'heure on les tord au-de
sus du bain, on les porte de suite à la rivièr
et, sans aucun retard, on fait dégorger l'aci
à l'aide des cylindres cannelés jusqu'à ce qu'il n
reste aucune trace d'acidité. Alors on fait séche

Nous n'avons parlé ici du *passage au sur* qu
pour les fabricans qui ne se servent pas de chlo
rure ; car pour ces derniers, nous avions indiqu
cette opération à la fin de l'article précéden
page 26. Les doses d'acide et d'eau sont seul
ment différentes ; mais aussi, après l'immersio

u chlorure, ils les laissent plus long-temps dans
e bain acide, ce qui est moins dangereux ; ils les
avent et les dégorgent de la même manière que
ous venons de l'expliquer dans ce paragraphe.

§. V. *Calandrage des toiles.*

Lorsque les toiles sont sèches, on les fait pas-
er entre trois cylindres disposés l'un au-dessus
e l'autre verticalement, en manière de *laminoir*.
L'un de ces cylindres est mu par le moteur de
l'établissement ; il entraîne les deux autres. Ces
cylindres sont ordinairement en bronze ; on les
chauffe en plaçant dans leur intérieur des barres
e fer chaudes. On en fait aussi dont un des cy-
indres est en papier ; il est formé d'une multi-
ude de feuilles de papier entassées les unes sur
es autres et fortement comprimées entre deux
orts plateaux en fer, d'une ligne (environ deux
millimètres) plus petits que ne doit être le cy-
indre de papier. On arrondit le papier, ainsi
comprimé, sur le tour, à l'aide d'instrumens bien
ranchans, et on en forme un cylindre aussi dur
que du bois. Cette machine, de quelque manière
quelle soit construite, se nomme *calandre*. Les
oiles calandrées s'impriment avec plus de facilité
que lorsqu'elles ne le sont pas ; leur surface est

plus unie, la planche s'y applique partout également, et elle s'use beaucoup moins promptement

CHAPITRE II.

DES OUTILS NÉCESSAIRES POUR L'IMPRESSION DES TOILES.

Un assez grand nombre d'outils ou instrumens sont employés dans la fabrication des indiennes. Nous ne décrirons ici séparément que les plus importans; nous réunirons les autres dans un paragraphe particulier.

§. I. *Des planches*, Pl. I, fig. 6.

Dans la plupart des ateliers, on désigne sous le nom de *planches* ce qu'on appelle *blocs* dans d'autres. Ces planches sont en bois; elles portent en relief les dessins qu'on veut colorier sur les étoffes. Le bois, quelque épais qu'il fût, se tourmenterait, se voilerait à la longue, et la planche cesserait de pouvoir faire ses fonctions; il faudrait la renouveler souvent, ce qui entraînerait à des frais considérables, et qui sont déjà assez importans sans y en ajouter d'autres. Pour éviter un aussi grave inconvénient, on fait les blocs de trois planchettes, dont deux sont en bois blanc, et la troisième en bois de poirier ou de pommier, qui sont les bois les plus compactes et dont le grain est le plus fin. C'est sur la surface de cette dernière planchette qu'on grave les dessins, comme nous allons l'indiquer. Ces trois planchettes ont chacune environ 9 millimètres (6 lignes) d'épaisseur, et sont fortement collées l'une sur l'autre à fil croisé, c'est-à-dire que si la première a le fil dans le sens de la longueur, la seconde est posée sur celle-ci de manière que son fil soit dans sa largeur; la troisième, en poirier ou en pommier, a son fil dans le sens de la première.

Un excellent dessinateur est toujours attaché à l'établissement; c'est lui qui donne la grandeur de la planche. Lorsque celle-ci est bien lisse et bien plane sur les deux sens, et parfaitement unie du côté du pommier, il y dessine, par des traits très fins et très distincts, les contours seulement des figures dont on doit conserver le relief, et les livre au graveur. Le dessinateur doit être très expert pour ce genre de dessin, car il doit voir sur le dessin général qu'il a fait comme modèle sur du papier, et qu'il a ensuite colorié au pinceau pour en connaître l'effet, il doit voir, disons-nous, de combien de couleurs et de nuances différentes il aura besoin, afin de faire préparer et graver autant de planches qu'il a de couleurs et de nuances différentes.

Ces planches ne peuvent pas être d'une très grande étendue; elles ne seraient pas maniables et ne pourraient même pas être exécutées. Il faut que, placées plusieurs fois et successivement sur la largeur de l'étoffe, les dessins se concordent entre eux et ne présentent aucune interruption, aucune lacune; il faut aussi que sur la longueur de l'étoffe elles puissent se raccorder de même.

Le dessinateur marque pour cela, sur la planche, un point à chaque angle, que le graveur conserve : ces points se nomment *repères*; on les aperçoit en *a*, *b*, *c*, *d*, sur la *Planche* 1 (*fig.* 6), que nous avons donnée ici comme modèle. Il faut que ces repères soient tellement disposés, que lorsque l'imprimeur a posé sa planche, chargée de couleur, sur l'étoffe, supposons du côté de la lisière à gauche, et que les quatre repères seront marqués par la couleur, le repère *d*, posé sur la couleur déposée par le repère *a*, le repère *c*, vienne concorder avec la couleur déposée par le repère *b*. Il en sera de même en descendant; les

repères *a*, et *d*, se placeront sur les places mar-
quées par les repères *b*, et *c*, c'est-à-dire que les
quatre repères soient placés exactement aux
quatre angles d'un rectangle ou d'un carré; il
faut, de plus, que le dessinateur ait l'art de placer les repères dans des fleurs, dans des tiges, etc.,
de manière qu'ils puissent disparaître quand l'impression est terminée; sans cela, ils formeraient
des taches régulièrement espacées, et qui offus-
queraient la vue. Toutes les planches destinées à
former le même dessin, en apportant chacune
une nuance ou couleur différente, doivent porter les mêmes repères, sans quoi toutes les parties du dessin ne concorderaient plus.

Le graveur, à l'aide de gouges, de ciseaux, de
gouges à butoir, etc., enlève le bois qui entoure
tous les traits qui doivent rester en relief, et qui
sont seuls destinés à porter les couleurs sur l'é-
toffe; il marque profondément tous les traits
avec un poinçon mince et tranchant, avant d'enlever le bois qui les entoure : c'est lui aussi qui
place les *picots* sur la planche, lorsque le dessin
en porte.

Les planches ne sont pas toujours en bois; on
se sert aussi de planches en cuivre rouge, gravées en creux par des procédés propres au gra-

veur en taille-douce, dont nous nous abstiendrons de parler ici, cet art n'ayant aucun rapport au sujet que nous traitons. On ne se sert guère aujourd'hui de ces planches que pour imprimer certaines étoffes de laine consacrées à l'ameublement, ou bien pour des opérations particulières, comme on le verra plus bas.

§. II. *Des baquets.*

Les *baquets* sont destinés à disposer les *mordans* ou les *couleurs* en couches minces, afin de n'en prendre que la quantité nécessaire avec la planche, pour qu'elle ne s'extravase pas, et qu'elle dépose sur l'étoffe la copie des dessins, sans dépasser les traits que le dessinateur et le graveur ont fixés. On a imaginé les baquets pour résoudre le problème que nous venons d'énoncer.

Chaque baquet est composé de trois pièces : 1°. d'une caisse ronde ou carrée, sans couvercle, et dont les bords ont environ 16 centimètres (6 pouces) de profondeur, dont les joints sont bien mastiqués et capables de contenir l'eau : leur dimension doit être de 8 centimètres sur chaque face, plus grands que la plus grande planche

ju'on puisse avoir. Cette caisse est pleine à moitié de la *fausse couleur*, qui n'est autre chose que
de la gomme du pays dissoute dans l'eau, ou une
décoction de farine de graine de lin, de manière
qu'elle soit épaisse comme de la bouillie. On
place dessus cette bouillie un châssis qui entre
juste, avec très peu de jeu, dans la caisse dont
nous venons de parler; ses bords ont 8 centimètres (3 pouces) de hauteur; son fond est en toile
cirée, bien collée et clouée tout à l'entour des
bords en dehors, de manière que la gomme ne
puisse pas passer au travers: ce châssis s'appelle
étui. Dans cet étui, on place le *tamis*, qui n'est
autre chose qu'un cadre en bois, dont les bords
ont deux pouces de hauteur: il est foncé avec
un drap fin bien tendu et solidement cloué sur
les bords du cadre; c'est sur ce drap que l'aide
de l'ouvrier étend la couleur bien mince avec
une brosse ou avec un tampon; il l'étend bien
uniformément, chaque fois que l'ouvrier a re-
levé sa planche.

On conçoit que la gomme, par son élasticité,
facilite la couleur à s'attacher à toutes les parties
en relief de la planche; c'est une sorte de matelas très doux. Chaque imprimeur a, sur sa droite
et à sa portée, un de ces baquets. Il faut autant

de tamis différens qu'on a de mordans ou de cou
leurs à employer.

§. III. *Des cylindres gravés.*

Jusqu'en 1801, on avait continué en France
imprimer les toiles, soit avec des planches c
bois, soit avec des planches de cuivre rouge gra
vées soit au poinçon, soit à la manière usité
pour l'impression en taille-douce. Ce fut à cét
époque qu'on essaya, à Jouy, dans la belle ma
nufacture de M. Oberkampf, à imprimer ave
des cylindres de cuivre gravés. Les premiers e
sais ne furent pas heureux : la lithographie
qu'on venait de découvrir, ne put donner aucu
secours. Cependant l'on avait parfaitement réus
en Angleterre, et l'on ne tarda pas à s'apercevo
que la fabrication des cylindres contribue bea
coup à la réussite de ce nouveau procédé, qu
nos artistes sont parvenus à naturaliser dans n
tre patrie.

Sans nous attacher à décrire le procédé qu'o
emploie pour la fabrication des cylindres c
cuivre rouge, qui n'est point du ressort du f
bricant d'indiennes, et qui regarde spécialeme
l'art du fondeur et du tourneur, nous allons i
diquer les qualités que doit avoir un bon cylin

e; nous passerons ensuite à la gravure de ce
lindre, en empruntant le langage de M. Mo-
rd jeune, qui alla en Angleterre étudier cette
artie importante de l'industrie dont nous nous
ccupons.

Un cylindre doit avoir sa surface parfaitement
nie et rigoureusement cylindrique; il doit être
omogène dans toutes ses parties, afin que sa
urface soit, dans tous ses points, également at-
aquable par l'acide qui sert à préparer les traits
our la gravure.

Gravure des cylindres.

« On grave les cylindres de trois manières dif-
érentes : 1°. au poinçon, 2°. à la molette, 3°. à
l'eau-forte.

« 1°. La *gravure au poinçon* est la seule dont
on ait fait usage jusqu'à ces derniers temps. Tout
consiste à faire le poinçon, dont le bout gravé a
la courbure du cylindre, et à l'appliquer sur la
surface de celui-ci d'une manière régulière.

« A cet effet, le cylindre est placé sur un tour
qu'on nomme *machine à graver*; il y est maintenu
par ses tourillons dans des collets fixes qui lui
permettent de tourner sur lui-même. Un plateau
divisé est fixé sur un des bouts de l'axe, et sert

4

à en régler le mouvement de rotation. Le poi

çon gravé est tenu au-dessus dans une poup

qu'on fait tourner parallèlement au cylindre

long d'une forte barre de fer, au moyen d'u

vis de rappel dont la tête porte également, comm

l'axe du cylindre, un plateau divisé qu'une al

dade arrête à chaque division ; cette même po

pée porte au-dessus du poinçon un petit mout

qu'on fait jouer à l'aide d'une pédale, et do

la chute peut être plus où moins grande, suivar

la force de percussion qu'il faut exercer sur

poinçon pour l'imprimer sur la surface du cy

lindre.

« On voit qu'au moyen de ces dispositions o

peut, non seulement appliquer le poinçon d'un

manière régulière sur tout le contour du cylin

dre, mais encore dans le sens de sa longueur e

à des intervalles parfaitement régularisés. L

cylindre ainsi régularisé partout, on donne, a

burin ou avec d'autres poinçons, les coups d

force que comporte le dessin qu'on veut exécute

sur l'étoffe, tout en ne perdant pas de vue qu

les creux seuls, ainsi que cela a lieu dans l'im

pression en taille-douce, représentent le dessin

Toute la difficulté consiste dans la gravure d

poinçon ; aussi a-t-on dans chaque manufacture

ur cet objet , un ou plusieurs graveurs d'un ta-
ht distingué , auxquels on donne des traitemens
i vont jusqu'à sept ou huit mille francs par an.
« Feu White , habile mécanicien de Manches-
r, a décrit et gravé, dans un ouvrage qu'il a
iblié sur les machines de son invention, intitulé
ne Centurie, une machine à graver au poinçon ,
i opère par mouvement de rotation et par
·ession. Le cylindre à graver est maintenu par
s tourillons dans des collets fixes, où il tourne
rement sur lui-même ; le poinçon est engagé
ins un axe en fer d'une forte dimension , placé
*r*allèlement au cylindre, lequel axe, tout en
*r*urnant sur lui-même , a aussi la faculté de se
ouvoir, dans le sens de sa longueur, dans des
oupées fixes. Le cylindre et cet axe sont assu-
ttis à se mouvoir dans des sens contraires par
moyen de roues d'engrenage montées sur leurs
*r*es , de sorte que le cylindre se meuve avec une
itesse accélérée ou retardée d'une quantité égale
la distance qu'on veut qu'il y ait d'un coup de
oinçon à l'autre , prise dans le sens du contour :
n sent qu'alors il doit y avoir entre le rayon du
ylindre et la longueur du poinçon, prise depuis
centre de l'axe qui le porte jusqu'à l'extrémité
ravée , le même rapport qu'entre les roues d'en-

grenage, sans quoi il en résulterait un glissem
du poinçon contre la surface du cylindre,
ne permettrait pas d'avoir une empreinte nett

« Le cylindre ayant achevé une révolutio
l'outil se porte de lui-même vis-à-vis une aut
rangée qu'il exécute de même, et ainsi de sui
jusqu'à l'autre bout. Pour qu'il y ait exactitu
dans l'espacement des coups de poinçon, il fa
que la denture des roues d'engrenage ne permet
aucun jeu : White y a employé sa denture en h
lice. On aura remarqué que le bout du poinç
destiné à être gravé doit être de forme cylindi
que concave, afin de s'appliquer exactemen
dans tous ses points, sur la surface du cylindr

« 2°. *Gravure à la molette*. Cette gravure, qu'
commence à exécuter avec une grande perfe
tion, sans faire abandonner complétement
gravure au poinçon, la remplacera généraleme
pour les dessins continus, à points groupés,
palmes larges ; elle sera encore adoptée par ra
son d'économie, car ce mode, extrêmemei
prompt, permet d'avoir la gravure d'un cylindi
pour trois à quatre cents francs, tandis que
même gravure, exécutée au poinçon, coûte
cinq à sept cents francs.

« Nous n'expliquerons pas ici complétement

cédé de graver sur la *niolette* et d'en tirer des
preintes : nous le donnerons au *Vocabulaire*.

procédé d'ailleurs ne diffère pas essentielle-
nt de celui de la gravure des poinçons, des
ns à frapper la monnaie, les médailles. Nous
ons seulement que la molette matrice ainsi
e celle qui doit servir à graver le cylindre
ivent être d'acier fondu de première qualité,
avoir un diamètre dans un rapport exact avec
lui du cylindre.

«Pour exécuter la gravure d'un cylindre à
molette, on a une machine analogue à celle
ont on se sert pour graver au poinçon; celui-ci
st remplacé par la molette qu'on presse forte-
ient contre le cylindre, à l'aide de deux leviers
ellement combinés, qu'on puisse, avec un poids
le huit à dix kilogrammes, exercer une pres-
ion de douze à quinze mille kilogrammes, suivant la dimension de la molette, la profondeur
de la gravure et la dureté du métal. Cette molette
est disposée de manière à ce que son axe prenne,
au besoin, une position parallèle, oblique ou
perpendiculaire à celui du cylindre, pour pouvoir
graver annulairement en hélice ou dans le sens
longitudinal. Pour conserver à la molette et au
cylindre le mouvement simultané, leurs axes por-

tent des roues d'engrenage qui les y assujettisse

« 3°. *Gravure à l'eau forte*. Cette gravure s'ex
cute comme celle en *taille-douce*. Le cylind
étant entièrement recouvert d'une couche
vernis gras et opaque, est placé sur un tour
guillocher, au moyen duquel et d'une point
on forme, sur la surface, le dessin qu'on ve
avoir, par l'enlevage du vernis. On peut fai
aussi ces dessins à la main, comme on le prat
que pour la taille-douce. Le métal étant mis
nu, on plonge le cylindre dans un bain d'acid
nitrique, d'où, au bout de quelques heures, o
le retire tout gravé. Ce mode de gravure, quoi
qu'il y ait beaucoup à retoucher à la main, paraît promettre encore plus d'économie que la
gravure à la molette. On fait facilement de cette
manière de simples traits parallèles, ou qui s'en-
lacent dans des directions quelconques. »

§. IV. *De la machine à imprimer*. Pl. I et II,
fig. 7 et 8.

La machine que nous allons décrire ne sert
qu'à imprimer les mordans à l'aide des cylindres
gravés. Nous emprunterons encore cette description à feu M. Molard jeune; personne avant
lui n'avait encore décrit ces nouveaux procédés.

« La *fig.* 7, *Pl. II*, représente une coupe verticale de cette machine. Le cylindre gravé A, est maintenu par son axe dans une position horizontale, dans des collets de cuivre fixes, où il tourne librement, par l'effet d'un moteur quelconque, avec une vitesse très uniforme d'environ trente-six tours par minute. La communication du mouvement du moteur au cylindre est établie par un manchon coulant, qu'on manœuvre avec un levier d'*embréage.*

« Le réservoir B, ou auge en cuivre rouge, contient le mordant dans lequel plonge une partie du cylindre A; il est porté sur une petite sellette en fonte, qui occupe le milieu de l'intervalle, et qu'on monte et descend à l'aide d'un petit cric, que la figure ne représente pas, mais qu'on peut aisément imaginer.

« La racloire C, ou essuyeur du cylindre gravé, porte, dans les fabriques, le nom de *docteur*; c'est une lame mince d'acier fondu, maintenue dans toute sa longueur, qui est égale à celle du cylindre, dans une pince à vis, au moyen de laquelle et de vis de pression, on la fait appuyer contre le cylindre, en même temps qu'on lui donne, dans le sens de sa longueur, un mouvement de va-et-vient. L'essuyeur est placé comme on le voit, dans le cas où la gravure du cylindre ne porte pas de lignes longitudinales dans lesquelles il pourrait entrer ; mais quand il existe de ces lignes, on lui donne la position indiquée par la ligne ponctuée *a*, *b*.

« Une autre racloire D, semblable à la première, mais placée derrière le cylindre, n'a pour objet que de le débarrasser des matières cotonneuses qu'il entraîne quelquefois avec lui, et qui viendraient sans cela se mêler au mordant.

« Ces racloires d'acier, qui étaient promptement détruites par les acides qui entrent dans la composition des mordans, sont aujourd'hui remplacées par des lames minces d'un métal jaunâtre, très dur et élastique, formé de l'alliage de douze parties de cuivre rouge sur une partie de rognures de fer-blanc. Il n'a pas les mêmes inconvéniens que l'acier.

« Un cylindre de pression E, en fonte de fer de trente-deux centimètres (un pied) de diamètre, et de la même longueur que le cylindre gravé, est tenu dans le même plan vertical. Il es revêtu d'une ou de plusieurs chemises de fla nelle ou de drap feutré, afin de lui donner u certain degré d'élasticité. Indépendamment d cette chemise de laine, on interpose encore entr

es deux cylindres une toile sans fin *c*, *d*, qui
circule et garantit l'enveloppe de laine de l'impression des mordans. Cette toile doit être lavée
et souvent renouvelée.

« Le cylindre E, quoique très pesant, serait loin
d'exercer, par son seul poids, une pression suffisante : on y supplée au moyen des deux leviers
en fer F, aux extrémités desquels on suspend
des poids G, et des bielles H, également en fer,
qui transmettent la pression au cylindre, par ses
deux tourillons. On relève ce cylindre à l'aide d'un
treuil à engrenage I, et des cordes J, qui passent sur les poulies K. Ces leviers sont placés à
vingt-trois ou vingt-six décimètres (sept à huit
pieds) de haut, afin qu'on puisse passer facilement par-dessous. L'ensemble doit être fixé avec
la plus grande solidité. Le bâti est en fonte, et
formé de deux montans réunis par des traverses
boulonnées.

« Les pièces de toile à imprimer étant cousues
l'une au bout des autres, et roulées sur de fortes
bobines, percées à leur centre d'un trou carré,
sont placées sur un axe de même forme, au
point L, en avant de la machine à imprimer. On
rend cette bobine un peu dure à tourner au
moyen d'un frein ou d'une corde pressant sur

une poulie à gorge que porte l'axe, et cela afin de tendre la toile dans le sens de sa longueur, en avant des cylindres. Cette toile, au bout de laquelle on a eu soin de coudre une autre toile vieille et assez longue pour aller des cylindres jusque par-delà l'appareil de séchage à la vapeur dont nous parlerons plus bas, vient passer sous le rouleau M, et contre la barre de bois N, dentelée obliquement à droite et à gauche, comme on le voit *fig.* 8, *Pl. I,* faisant correspondre le point A, au milieu de la largeur de la toile. Ces cannelures divergentes, qu'on fait quelquefois en cuivre, ont pour objet de faire élargir la toile avant son entrée dans les cylindres ; mais, indépendamment de ce moyen, il faut encore que deux ouvriers, placés de part et d'autre, la maintiennent, avec leurs mains, parfaitement tendue. »

§. V. *De l'atelier et des autres outils.*

L'atelier dans lequel se fait l'impression des toiles doit être bien éclairé ; il doit être garni, du côté des croisées, de fortes tables solides, qui sont ordinairement en bois dur ; elles seraient encore mieux en marbre ou en pierre, parce qu'elles ne se déjettent pas comme celles de bois, qu'il faut raboter de temps en temps pour les redresser. Chaque table est recouverte de deux tapis en drap ou en serge bien tendus et faciles à enlever pour être nettoyés selon le besoin, et leur en substituer d'autres, lorsque les premiers ont été salis par la couleur qui passe quelquefois à travers la toile qu'on imprime.

A côté et sur la droite de l'ouvrier est placé le baquet dont nous avons parlé page 34, il est élevé sur des tréteaux à la portée de sa main sans se baisser. Un enfant, qui lui sert d'aide, doit être constamment à côté du baquet, afin d'étendre la couleur sur le tamis de la manière convenable. Sur le derrière de la table ou établi, est fixée, par des montures solides, une très forte traverse en bois, qui sert de point d'appui au *levier* dont nous allons parler et dont l'ouvrier fait continuellement usage pour imprimer. Ce *levier*, qui a ordinairement deux mètres et demi (environ huit pieds) de long, sert à comprimer plus ou moins fortement la planche, ce qui est préférable au maillet qu'on employait autrefois, et qu'on emploie encore dans quelques fabriques, et qui a de grands inconvéniens, que nous détaillerons dans l'art de fabriquer le *papier peint* qui se trouve à la suite de ce *Manuel*. Il a aussi

à côté de lui un *tasseau* qu'il pose sur la planche
au-dessous du levier, et qui lui donne le moyen
de la faire appliquer partout également sur la
toile. (*Voyez* TASSEAU au *Vocabulaire*.)

Des tablettes sont disposées auprès de l'ouvrier, sur lesquelles il place les tamis, les planches
et les autres outils dont il peut avoir besoin.

Indépendamment de cet atelier, il y en a plusieurs autres : 1°. celui du dessinateur; 2°. celui
des graveurs; 3°. celui de l'impression au rouleau; 4°. celui des cuves et des fourneaux, etc.
Il faut encore qu'on y trouve un laboratoire
convenablement disposé, où le chef qui dirige
les travaux puisse exécuter la plupart des opérations chimiques, et toutes les épreuves sur les
mordans et les teintures. C'est de ces recherches
que sortiront tous les procédés qu'il pourra faire
exécuter en grand lorsqu'il en aura constaté en
petit la bonté et la solidité. A l'aide de ce laboratoire, un bon fabricant, qui s'est adjoint
un habile chimiste, peut, sans danger pour sa
fortune, se livrer à des recherches utiles, puisqu'il n'opère que sur des quantités très petites,
tandis que, quelles que fussent ses connaissances,
s'il commençait par exécuter en grand les in-
novations que le raisonnement et la réflexion lui

uraient suggérées, il courrait risque de se rui-
ner entièrement.

~~~~~~~~~~~~~~~~~~~~~~~~~~~~~~~~~~~~~

CHAPITRE III.

DE L'IMPRESSION DES TOILES. Pl. II, fig. 7.

LES toiles ont été presque toujours imprimées
à l'aide des *planches*; ce n'est, comme nous l'a-
vons déjà dit, que depuis le commencement de
ce siècle qu'on a employé le rouleau gravé, auquel on réunit l'impression au *bloc* ou par le secours des planches, lorsque le dessin comporte
plus de deux couleurs. On doit sentir que lorsqu'on veut imprimer à plusieurs couleurs, pour
chacune desquelles le mordant doit être de nature différente, on doit ajouter autant de cylindres
gravés différens. « Voyons ce qui arrive lorsqu'on
en ajoute un second à la machine que nous avons
décrite *fig.* 7 : ajoutons-y le cylindre gravé Q.
Ce cylindre doit avoir son diamètre parfaitement
égal à celui du premier, et doit porter le dessin
qu'on se propose d'intercaler. Cette disposition
abrége sans doute beaucoup le travail; mais ce
n'est qu'avec une extrême difficulté qu'on par-

vient à obtenir constamment une exacte corres
pondance entre les deux dessins. Pour y parvenir
il faut que les cylindres, quoique rigoureuse
ment égaux, soient commandés par des roue
d'engrenage qui établissent entre eux un mouve
ment simultané. Ce deuxième cylindre est press
contre le cylindre E, au moyen des vis R, et i
a ses racloires, son auge à mordant, etc., comme
le premier. Il y a des imprimeurs qui ont essay
d'en mettre un troisième; mais on trouve déj
tant de difficultés à surmonter avec deux, qu'i
nous semble presque impossible d'aller au-delà »
affirme feu M. Molard, qui nous a fourni les réflexions précédentes.

On applique donc les autres variétés de couleurs, à la planche, qui porte les repères nécessaires pour qu'elles s'accordent avec le dessin
formé par le cylindre gravé. Nous décrirons
donc dans deux paragraphes séparés les deux
manières d'imprimer à la planche et au cylindre
gravé, après avoir parlé des mordans.

§. I. *Des mordans.*

Dans l'art d'imprimer les étoffes, on désigne
sous le nom de mordant un composé liquide,
épaissi par une substance inerte, qui ait non

eulement la faculté de se combiner avec la fibre
organique, mais qui doit ultérieurement aussi
e combiner avec la substance colorante. Le sa-
ant Vitalis, à qui nous empruntons la matière
ue renferme ce paragraphe, s'exprime en ces
ermes :

« On ne doit employer que des mordans très
olubles, et dont l'acide, susceptible d'ailleurs de
e volatiliser, n'adhère que faiblement à sa base.
De cette manière, on porte le mordant sur l'é-
offe dans un plus grand état de concentration,
et la base de la dissolution saline venant à s'y
léposer tout entière, par la décomposition
complète du sel et le dégagement de la totalité
le l'acide, il s'ensuit qu'on parvient à obtenir
des couleurs très nourries. L'acétate d'alumine,
l'acétate de fer, les diverses solutions d'étain,
remplissent parfaitement toutes les conditions
dont on vient de parler : aussi ces sortes de mordans sont-ils très fréquemment employés dans
l'art dont nous nous occupons.

« Les mordans dont on fait usage dans l'impression des toiles sont liquides ; on conçoit qu'ils
ne peuvent adhérer à la planche qui doit les porter sur la toile, qu'autant qu'ils seront suffisamment épaissis, et l'on juge qu'ils sont arrivés à ce

point, lorsqu'ils conservent sur la toile où ils on
été imprimés les contours de l'objet gravé sur l
planche.

« En général, on épaissit avec un demi-kilo
gramme de gomme arabique, ou quelquefoi
trente grammes (une once) de gomme adragante
par litre de mordant, pour les couleurs fines e
délicates, et avec cent vingt-deux grammes (qua
tre onces) d'*amidon torréfié* par litre de mordant
pour les couleurs fortes. »

1°. *Mordans pour rouges.*

« Dans une cuve capable de contenir 40¢
litres, on verse d'abord deux cent quarante litre:
d'eau bouillante, soixante-quinze kilogramme:
d'alun très peu réduit en poudre, et une décoction concentrée faite avec un kilogramme e
demi de bois de Fernambouc moulu. On agit
jusqu'à ce que l'alun soit dissous. On ajoute alor
vingt-cinq kilogrammes de sel de Saturne (acétate de plomb) réduit en poudre. On agite ave
soin pendant quelque temps, et quand la liqueu
commence à s'éclaircir, on met d'abord troi:
kilogrammes de potasse ou de soude du commerce, puis trois kilogrammes de craie, pai
petites portions, afin d'éviter une trop grand

effervescence. On agite encore pendant une heure, on laisse reposer, et on prend le clair à mesure qu'on en a besoin.

« On donne de la couleur à ce mordant, parce qu'il n'en a pas par lui-même, et qu'il est cependant nécessaire qu'il en ait une pour guider l'imprimeur dans son travail.

« *Premier rouge.* Ce rouge, qu'on nomme aussi *fort rouge*, s'épaissit avec *l'amidon torréfié.* Si l'on veut des rouges d'un ton plus faible, on épaissira le mordant avec la gomme, comme nous allons le dire.

« Pour le *second rouge,* on épaissira deux litres du mordant avec douze cent vingt-quatre grammes (deux livres et demie) de gomme que l'on aura fait dissoudre dans un litre d'eau froide. On mêlera bien le tout en agitant pendant un temps suffisant.

« Pour le *troisième rouge,* on mêlera deux litres de mordant avec la dissolution de deux kilogrammes, quatre cent quarante-huit grammes (cinq livres) de gomme faite avec six litres d'eau froide.

« Il sera donc aisé de se procurer tous les rouges, depuis le plus foncé jusqu'au rose le plus tendre.

« Le mordant de rouge dont on vient de donner la composition, sert aussi pour les jaunes de gaude, de bois jaune et de quercitron avec toutes leurs nuances. »

2°. *Mordans pour noirs.*

« Douze litres de liqueur de ferraille ou de tonne au noir. (*Voyez* au *Vocabulaire.*)

« Cent vingt-deux grammes (quatre onces) de couperose verte.

« On fait dissoudre la couperose dans la liqueur; et après avoir décanté le clair, on y délaie peu à peu deux kilogr. d'amidon torréfié. On chauffe dans une chaudière, en remuant sans cesse, et on retire du feu quand l'amidon est bien cuit.

« *Autre mordant pour noir.* Sur quatre kilogrammes de liqueur de ferraille, on prend environ un kilogramme et deux cent quarante-cinq grammes (deux livres et demie) de farine superfine de froment, que l'on détrempe peu à peu avec une portion de la liqueur; on ajoute le surplus et on laisse en repos pendant douze ou vingt-quatre heures, et même plus long-temps encore. On fait ensuite bouillir pendant une demi-heure, ou jusqu'à ce que le mélange ait acquis la consistance d'une pâte; on retire la chaudière du

eu : on agite le mordant jusqu'à ce qu'il soit
efroidi ; on le passe à travers un linge ou un tamis, et on s'en sert pour l'impression.

« Ces mordans donnent un beau noir par le
bain de campêche, et surtout par le garançage. »

Nota. Dans les deux recettes ci-dessus, il est
vantageux de substituer le *pyrolignate de fer* à
a liqueur de ferraille. On doit l'employer au
même degré de densité indiqué par le pèse-li-
queur de Baumé, pour le bain de *tonne au noir*.
Nous indiquerons ces deux liqueurs à l'avenir
ous la dénomination générale d'*acétate de fer*.

3°. *Mordans pour violets.*

« Les différentes nuances de violets se font
outes avec une dissolution quelconque de fer
lus ou moins forte. Chaque manufacture a son
rocédé particulier, et dans lequel la dissolu-
on ferrugineuse est modifiée, soit par l'alun,
e nitre, le sel marin ; soit par l'addition de sels
à base de cuivre, qui donnent un ton de rouge
u de bleu qui domine plus ou moins.

« *Premier violet.* Seize litres d'acétate de fer,
uit litres d'eau, cent vingt-deux grammes (qua-
e onces) vitriol de Chypre (sulfate de cuivre).
n épaissit avec la gomme réduite en poudre, à
aison d'un demi-kilogramme par litre.

« *Deuxième violet.* Mêler trois parties du mor
dant ci-dessus avec une partie d'eau, et épaiss
aussi comme ci-dessus.

« *Troisième violet.* On étend deux parties d
mordant du premier violet avec trois parti
d'eau. On épaissit de même.

« On fera de cette manière toutes les nuance
depuis le gros violet jusqu'au lilas le plus faibl

« En combinant le mordant de rouge avec l
mordant de noir ou de violet, dans certaine
proportions, on se procurera aisément un tr
grand nombre de couleurs. En voici quelqu
exemples.

« *Couleur de café.* Dix litres d'acétate de fer
deux litres de mordant du premier rouge; quat
litres d'eau. Épaissir avec l'amidon torréfié.

« *Couleur de puce ou carmélite.* Trois litres
mordant du premier rouge; un litre d'acétate
fer. Épaissir comme ci-dessus. »

Nota. Tous les mordans qui suivent, dans
paragraphe, sont épaissis avec l'amidon torréfi
Nous ne le mentionnerons plus.

« *Brun foncé.* Deux litres de mordant de pr
mier rouge; un demi-litre d'acétate de fer.

« *Couleur marron.* Deux litres de mordant
violet; un litre de mordant de rouge; deux cer

uarante-cinq milligrammes (huit onces) de cou-
erose verte (*sulfate de fer*), que l'on fait dissou-
re dans le mélange des deux mordans ci-dessus.

« *Mordoré*. Huit litres de mordant pour violet ;
louze litres de mordant pour rouge.

« *Lilas foncé*. Un litre de mordant de violet ;
in litre de mordant de deuxième rouge.

« *Lilas clair*. Un litre de mordant pour violet ;
rois litres de mordant de deuxième rouge.

« *Couleur de musc*. Un litre de mordant pour
rouge ; trois litres de mordant pour noir.

« *Couleur incarnat*. Cette couleur est entre la
couleur de cerise et la couleur de rose. Dix litres
de mordant pour rouge ; un litre de mordant de
noir. »

Nota. Pour toutes les couleurs qui précèdent,
on emploie un bain de garance, ou, ce qui est
la même chose, on passe les pièces au garançage.

« *Couleur olive*. Gaudage sur mordant du premier, deuxième ou troisième violet.

« *Couleur réséda*. Gaudage sur mordant de
puce. »

§. II. *De la manière d'imprégner les étoffes de
mordans.*

Nous avons dit au commencement de ce paragraphe que les mordans doivent être épaissis,

lorsqu'il s'agit de l'impression des toiles, afi
que les planches ou les cylindres gravés qui doi
vent les fixer sur les places, que les dessins dé
terminent, puissent les y déposer sans bavures
Mais on a fait de nos jours un emploi très util
des mordans pour la teinture entière des pièce
qui servent de fond à certaines toiles peintes ; o
verra plus bas comment on parvient à porter su
ces fonds des couleurs naturelles et variées : il n
s'agit ici que de la préparation de ces toiles pa
l'application du mordant qui convient à la cou
leur uniforme que l'on veut obtenir.

C'est à l'aide d'une mécanique ingénieuse ima
ginée en Angleterre, et qui a été parfaitemen
décrite par feu M. Molard, qu'on passe les pièce
grillées d'un seul côté, lorsque la teinte doi
être générale, dans un mordant qui les dispos
à prendre le fond de couleur qu'on veut avoir
C'est cette description, traduite de l'anglais, qu
nous allons transcrire.

« Cette invention se fait, dit M. Molard, dan
une auge en bois A, Pl. I, *fig.* 9, au fond de la
quelle se trouve un rouleau de renvoi B, et a
moyen de deux cylindres C, D, en cuivre jaune
superposés comme dans un laminoir, très pressé
l'un contre l'autre, dont le supérieur D, est enve

ppé à plusieurs doubles d'une toile fine. Les
ièces de toile à imprégner, cousues à la suite
une de l'autre, au nombre de 4, 5, 6, plus ou
oins, sont roulées sur un treuil à rebords ou
rande bobine E, qu'on place au-dessus de la
achine à imprégner. Le bout de la toile, après
ois ou quatre enlacemens à travers des bar-
aux de bois F, pour la faire tendre et étendre,
a passer sous le rouleau B du fond de l'auge A,
ù, après avoir été imbibée par le mordant
quide *a, b*, et l'avoir introduite entre les cy-
ndres de cuivre C, D, on la fait circuler en tour-
nt ceux-ci dans le sens convenable et lente-
ent, afin de donner à la toile le temps de
mbiber. La toile éprouve, entre les deux cy-
ndres de cuivre, une pression qui, tout en
gouttant, fait pénétrer le mordant dans les fils
u tissu. La toile se roule enfin sur une seconde
obine G, semblable à la première, qu'on place
r le cylindre supérieur même. Cette bobine G,
orte une manivelle placée à l'extrémité de son
e; un ouvrier la met en mouvement, et attire
nsi à lui la pièce au fur et à mesure qu'elle se
roule de dessus la bobine E.

« Nous avons déjà dit qu'on ne fait subir cette
ération qu'aux toiles dont le fond doit recevoir

une teinte générale. Nous expliquerons plus ta
comment on l'enlève dans les endroits qu'on ve
faire revenir blancs, ou d'une autre couleu
pour former des dessins ; mais ces toiles, air
que celles qu'on imprime sans cet apprêt, so
soigneusement épluchées, épincetées, brossées
grillées d'un seul côté, avant d'être livrées
l'impression. »

§. III. *De l'impression à l'aide des planches.*

L'ouvrier, aidé de l'enfant qui le sert, et qu'
nomme *tireur*, place la pièce de calicot sur
banc disposé au bout de la table que nous avc
décrite, Chapitre II, § V, page 46 ; ils en éte
dent le bout sur cette table, et se disposent
travail. Le tireur, après avoir bien tendu le b
de la pièce sur toute la longueur de la tabl
passe à côté du baquet ; il prend, avec u
brosse, dans le vase qui est sur sa droite,
peu de mordant suffisamment épaissi ; il l'éte
sur le fond du *tamis*, aussi uniformément q
lui est possible. Il a même pris la précautic
avant de commencer l'impression, de bien im
ber de mordant toute l'étendue du tamis.

L'ouvrier prend alors d'une main la planc
gravée, et l'appuie légèrement sur la surface

amis, de manière à ce que les traits du dessin prennent une suffisante quantité de mordant. Lorsqu'il juge que la planche en est convenablement chargée, il l'applique sur la toile, et frappe sur la planche avec un maillet, un ou plusieurs coups, plus ou moins forts, suivant que le dessin l'exige. Il se sert avec plus d'avantage du *levier*, comme nous le démontrerons dans l'art d'imprimer les *papiers peints*. Comme la planche n'a pas assez d'étendue pour couvrir en une seule fois toute la largeur de l'étoffe, il a soin de la poser la première fois de manière que les deux repères du côté soient dans une ligne parallèle à la lisière; et par ce moyen les deux du bout se trouvent parallèles au chef de la pièce; alors, à la seconde pose, en allant d'une lisière à l'autre, il place les deux repères qui étaient du côté de la lisière, c'est-à-dire à gauche, sur les deux repères à droite, et il continue de même jusqu'à ce qu'il soit arrivé au bord de l'autre lisière.

Aussitôt que le tireur s'aperçoit que l'ouvrier a terminé cette rangée, il tire la pièce en dehors, afin de présenter à l'imprimeur la toile à imprimer, en place de celle qu'il vient d'imprimer. Cette même manipulation a lieu jusqu'à ce que la pièce soit totalement imprimée. Le *tireur* a

soin de ne pas laisser traîner la pièce par terre
et de ne pas la plier l'une sur l'autre que le mordant ne soit entièrement sec. Pour cela il la pose
au fur et à mesure sur des bancs ou tréteaux qu
la supportent en l'air. Il la porte ensuite sur
l'étendoir, de la même manière qu'on le verra
pour le *papier peint*, jusqu'à ce que l'impression
soit parfaitement sèche. Il est important que la
dessiccation soit parfaite avant de faire une autre
opération sur la même toile.

§. IV. *De l'opération du rentrage.*

Nous avons supposé jusqu'ici que l'étoffe ne
devait avoir qu'une couleur, et que par cette
raison on ne devait imprimer qu'un seul mordant, mais ce cas est très rare, l'indienne a presque toujours plusieurs couleurs, ou plusieurs
nuances de la même couleur : par exemple, du
noir, plusieurs rouges, plusieurs jaunes, plusieurs violets, etc. ; alors il faut donner autant
de mordans qu'il y a de couleurs différentes qui
doivent être *rentrées* dans la première planche
appelée *planche d'impression.* Cette manipulation
se nomme *rentrage*, et s'exécute au moyen de
planches qu'on désigne sous le nom de *rentrures.*
Ces planches sont gravées sur les mêmes dessins

que les planches d'impression ; mais la gravure ne porte en relief que les parties du dessin réservées par les premières planches. Il est par conséquent indispensable que ces planches aient entre elles des rapports très exacts, afin que les couleurs que les mordans détermineront soient renfermées dans les limites que le dessin prescrit. Cette exactitude s'obtient à l'aide de repères que portent les planches appelées *rentrures*. Ces repères, au nombre de deux ou trois au moins, doivent être posés sur un bout de feuille, ou sur une tige, afin qu'ils ne paraissent pas lorsque l'ouvrage est terminé.

Le défaut que nous avons signalé plus haut se rencontre très souvent dans les indiennes communes, il est un témoin irrécusable de la vitesse avec laquelle on travaille, et accuse sans cesse le manufacturier du peu de soin qu'il apporte à sa fabrication.

L'on distingue plusieurs sortes de *rentrages* : 1°. celui que nous venons de décrire pour les mordans; 2°. celui pour les couleurs d'application; 3°. celui pour l'application des rouges; 4°. celui pour l'application des *réserves*. Nous traiterons de chacun de ces *rentrages* dans les chapitres suivans.

§. V. *De l'impression par le cylindre*, Pl. II, fig. 7

Nous avons décrit, p. 42, la machine qui port
le cylindre gravé, et qui sert à l'impression de
toiles. La machine disposée comme nous l'avon
dit, on remplit à moitié le réservoir ou auge B
du mordant que l'on veut imprimer sur la toil
qu'on a placée sur le rouleau ou bobine L, qu
l'on a suffisamment gênée par un frein, ou sim
plement par un poids suspendu à une corde pres
sant sur une poulie à gorge que porte son axe
et qui rend cette bobine un peu dure à tourne
Le bout de cette pièce, qui est cousu à l'extré
mité d'une toile grossière qui enveloppe les cylin
dres du séchoir (*fig.* 10, *Pl. II*), et que nous décri
rons dans le paragraphe suivant, s'enroule sur l
cylindre F, mis en mouvement par un ouvrie
attire continuellement la pièce de calicot, qui s
trouve suffisamment imprégnée du mordant qu'o
a eu intention d'imprimer; elle est alors parfaite
ment séchée.

On ne saurait contester à l'impression par l
cylindre l'avantage d'économiser beaucoup d
temps et de travail, et de rendre les dessins bie
plus corrects que par les moyens ordinaires. L'im
pression d'une seule couleur sur calicot, dit Vi

lis, exigeait trois heures pour une seule pièce, un homme et à un enfant, et il en fallait au)ins six pour imprimer deux couleurs, tandis ._'au moyen du cylindre gravé, l'opération s'exé- ute en trois ou quatre minutes, et beaucoup lieux que par les procédés anciennement connus.

Nous ne parlerons pas ici en détail de la plan- he plate dont on ne se sert presque plus depuis u'on fait usage du cylindre gravé; nous dirons eulement qu'elle ne diffère du cylindre qu'en ce [ue le dessin, au lieu d'être gravé sur une surface :onvexe, est tracé sur une surface plane de cui- 're rouge par le graveur en taille-douce. Du 'este, l'impression s'exécute de la même manière jue la gravure ordinaire, à l'aide de la presse. La planche plate ne sert, comme le cylindre, que)our les tons blancs et les camaïeux ; mais l'im- pression au cylindre est plus expéditive et géné- ralement préférée, quoiqu'elle exige des mises de fonds plus considérables.

§. VI. *Du séchage.* Pl. II, fig. 10.

Nous avons dit qu'au fur et à mesure que l'im- primeur a appliqué le mordant sur la pièce de calicot, il doit la laisser sécher dans l'atelier d'impression avant d'y appliquer successivement

tous ceux qui doivent suivre, afin que ces m
dans ne se combinent pas entre eux et ne se n
lent de manière à donner dans le bain des co
leurs différentes de celles qu'on veut obtenir.
séchage lent présentait souvent des inconvénie
et des difficultés pour achever les pièces qui so
obligées de recevoir l'application de plusieu
mordans successifs.

Depuis quelques années on a imaginé un s
choir à la vapeur, qui opère en même tem
qu'on imprime le mordant. Ce séchoir, qui f
admis à l'exposition, au Louvre, en 1827,
représenté par la *fig.* 10; il est dû au génie i
ventif des Anglais. Nous en transcrivons la de
cription donnée par feu M. Molard.

« Cet appareil est composé de treize cylindr
creux, placés sur deux rangs l'un au-dessus d
l'autre. Ces cylindres ont chacun trois cent vingt
cinq à trois cent soixante-neuf millimètres (douz
à quatorze pouces) de diamètre, et environ u
mètre et demi (quatre à cinq pieds) de long, dan
chacun desquels la vapeur arrive d'une chaudièr
par un tube ajusté au centre de l'un des fond
des cylindres, portant une douille qui lui ser
d'axe; ce tube et cette douille sont réunis pa
une boîte à étoupe, qui, tout en fermant hermé-

tiquement le joint, permet cependant aux cylindres de tourner sur eux-mêmes.

« Chacun des treize cylindres, dont six forment
la rangée inférieure, et sept la rangée supérieure,
porte, contre le fond opposé à celui par où l'on
admet la vapeur, des roues d'engrenage placées
dans le même plan vertical, et qui, engrenant
l'une dans l'autre, se transmettent successivement le mouvement que le cylindre reçoit du
moteur même qui fait mouvoir les cylindres
d'impression, par le moyen d'un arbre vertical
et de roues d'engrenage d'angle. Les fonds des
cylindres à vapeur, du côté par où elle est ad-
mise, sont munis de petites soupapes *m*, qu'on
nomme *reniflards*, tenues légèrement appliquées
en dedans de ces fonds par un ressort à boudin.
L'objet de ces soupapes est de prévenir les acci-
dens qui pourraient résulter du vide formé dans
l'intérieur des cylindres par la condensation de
la vapeur, en y admettant l'air atmosphérique
aussitôt que la pression extérieure est plus forte
que la pression intérieure.

« Sur le fond opposé, et en dedans du cylindre, est appliquée de champ une bande de cuivre
façonnée en S, égale au diamètre du cylindre, et
ayant vingt-sept millimètres (un pouce) de large;

elle recueille, en tournant avec le cylindre, l'eau de condensation qui se forme, vers ce bout, par une pente presque insensible, et qu'elle jette par le centre à travers l'axe percé du cylindre, aboutissant à un tube qui la porte à un réservoir commun.

« La rangée inférieure de ces cylindres est tenue par deux supports, en fer, maintenus à distance par des entretoises, en fer, et la rangée supérieure, par des poupées fixées sous ces mêmes supports. La toile, sortant d'être imprimée, vient passer sous le premier cylindre de l'appareil dont elle embrasse le contour supérieur; elle redescend ensuite pour embrasser de même le contour inférieur du premier cylindre de la rangée de dessous, ainsi de suite jusqu'au dernier de la rangée supérieure, où elle s'enveloppe sur un rouleau P, placé et maintenu au-dessus de ce cylindre par des fourchettes, en fer, dans l'intérieur desquelles ses tourillons peuvent s'élever au fur et à mesure que la toile, en s'enroulant, augmente son diamètre.

« Nous ferons remarquer ici que pour tendre la toile sur tous ces cylindres et l'y faire appliquer avec force, on fait le dernier cylindre un peu plus gros que les autres ; alors l'excès de son

liamètre, et par conséquent du développement
e sa circonférence, exercera le tirage dont nous
arlons. On conçoit, du reste, que la machine
e doit pas s'arrêter tant que la toile y est enga-
ée, parce que celle-ci se trouverait plus séchée
ans des endroits que dans d'autres; on conçoi
ncore qu'à la dernière pièce qu'on passe doit
tre attachée une pièce d'amorce, en vieille toile,
.ont la longueur est suffisante pour aller depuis
ı machine à imprimer jusqu'au rouleau P, de
'appareil, de même qu'on en doit coudre une
emblable et d'égale longueur au commencement
les pièces et avant de les faire passer sous le cy-
indre gravé A (*fig.* 7), avant de commencer l'im-
ression. »

Les pièces sont assez sèches alors pour recevoir sans danger les autres mordans qu'on doit
eur appliquer par l'opération du *rentrage*, que
ious allons décrire; mais elles ne le sont pas
issez pour les disposer pour les bains, c'est-à-dire
our le garançage et le gaudage, etc. On doit les
aisser sécher à l'air, pendant plusieurs jours,
avant de les porter à l'étuve, parce qu'il est reconnu, 1°. que lorsqu'on a employé l'acétate d'a-
lumine pour mordant, une haute température
précipite l'alumine dans une solution de ce sel,

ce qui est la cause de tous les inconvéniens q
arrivent souvent, et ce qui produit ces divers
nuances dans les jaunes et les rouges garancé
2°. que le fer est à l'état d'oxide noir dans ur
solution acide, mais qu'en la laissant exposée
l'air elle en absorbe l'oxigène, et qu'il arrive p
degré à l'état d'oxide rouge ou peroxide, état
plus propice quand on l'emploie comme mordar
en teinture.

Il est donc indispensable de laisser parfaite
ment sécher en plein air les toiles imprégnées d
mordant, avant de les exposer dans l'étuve; or
sera sûr alors d'obtenir des couleurs plus belle
et plus solides. L'expérience a prouvé (*Essai
chimiques*, tom. II, 12ᵉ *essai*) que pour l'emplc
d'acétate d'alumine, il faut laisser sécher à l'ai
pendant quarante-huit heures, et laisser ensuit
le calicot dans l'étuve pendant au moins vingt
quatre heures; et pour l'emploi de l'acétate d
fer, les laisser d'abord sécher à l'air pendant cin
ou six jours au moins, puis les exposer dans l'é
tuve pendant plus ou moins long-temps, selo
les circonstances, mais ne pas les y laisser plu
de vingt-quatre heures. La température de l'é
tuve doit être de 26 degrés (Réaumur). L'actio
de la chaleur, dans l'étuve, fait évaporer le

cides employés dans la préparation des mordans
ui pourraient altérer l'étoffe, et tend à fixer leur
ase dans toutes les fibres du tissu.

§. VII. *Du fumage.*

Les Anglais ne lavent point immédiatement
près qu'ils ont retiré les pièces de l'étuve; ils
ur font subir avant le lavage une opération
l'on nomme *fumage*, que nous allons décrire.
es fabricans français font tout le contraire. Par
fumage, disent les Anglais, les marchandises
nettoient mieux et prennent des tons de couur plus vifs et plus éclatans quand on les passe
ns les bains de garance, de gaude, etc.

Lorsque les calicots ont été parfaitement sé-
és à l'étuve, on les passe, au moyen d'un
oulinet, dans une eau à diverses températures,
ns laquelle on a délayé de la *bouse de vache*
quantité suffisante pour que cette eau prenne
e teinte verdâtre. Cette bouse de vache sert,
n seulement à absorber et à enlever les por-
ns de mordant qui ne sont pas bien combinées
ec l'étoffe et qui pourraient tacher le blanc ou
fond du dessin, mais elle communique aux fi-
es du coton quelques parties de substance
male qui, agissant comme un surcroît de

mordant, rend la combinaison des matières co
lorantes plus intime qu'elle n'aurait été ; et r
hausse en même temps le ton des couleurs.

La durée du *fumage* varie depuis cinq jusqu
quarante minutes, suivant l'espèce d'ouvrag
On porte ensuite les pièces à la rivière ou au
mécaniques que nous avons décrites pages 6 ,
et 11, afin qu'elles soient mieux lavées ; apr
quoi, pour s'assurer qu'elles ne contiennent p
d'impuretés, on les passe dans une eau tiède.

CHAPITRE IV.

DES OPÉRATIONS PAR LESQUELLES ON TERMINE FABRICATION DES TOILES PEINTES BON TEIN'

Après que les calicots ont été imprégnés
mordans qui doivent fixer la couleur des bai
il reste encore plusieurs opérations à décrire ,
pour faire connaître la nature de nos bains e
manière d'y passer les étoffes, soit pour déc
les procédés des couleurs d'application et les
nipulations nécessaires pour les fixer sur les é
fes, et enfin les autres opérations que cette fal
cation exige pour obtenir les toiles peintes

le seul emploi des mordans, des bains colorés et des couleurs appliquées. D'autres opérations particulières seront traitées dans des chapitres particuliers. Vitalis sera notre principal guide dans ce chapitre; nous ne saurions en avoir de meilleur.

§. I. *Du garançage et du gaudage.*

« Le garançage des toiles est une des opérations les plus importantes de l'art du fabricant d'indiennes, car c'est de cette opération que dépend la beauté et la solidité des couleurs. Le bain de garance se compose d'eau de rivière dans laquelle on ajoute sept cent trente-quatre grammes (une livre et demie) de bonne garance de Hollande, en poudre, par pièce fond-blanc, et le double par pièce à fond de couleur, surtout si les fonds sont rouges ou noirs. On délaie bien la garance dans l'eau, et l'on met le feu sous la chaudière, ou mieux on tourne le robinet qui amène la vapeur. Lorsque le bain commence à chauffer, on y passe les pièces que l'on a attachées ensemble en les nouant ou les cousant par les deux coins de chaque bout; on les dévide, en les tenant au large, sur le moulinet, tandis que deux ouvriers, armés d'un bâton à chaque main, les enfoncent au fur et à mesure pour les empêcher de s'entortiller et pour que la partie colorante s'applique bien partout. Quand les pièces sont dévidées, on tourne le moulinet en sens contraire, et l'on continue cette manœuvre jusqu'à ce que le bain soit parvenu à l'ébullition, ce qui a lieu dans l'espace de deux heures environ, et ce qui suppose que l'on a pris soin de bien graduer la chaleur. En employant la vapeur, cette graduation s'obtient naturellement.

« On laisse bouillir pendant sept à huit minutes environ, c'est-à-dire jusqu'à ce que les couleurs commencent à se brunir. Lorsque l'ouvrier juge que les pièces ont atteint le *maximum* de la couleur, il les retire en les dévidant promptement sur le tourniquet, de dessus lequel on les enlève aussitôt qu'elles sont égouttées, pour les mettre au *piquet* dans la rivière, précaution sans laquelle les pièces se tacheraient, et les couleurs se terniraient.

« Un seul garançage suffit pour les toiles à fond blanc, mais il en faut deux pour les toiles à fond de couleur. La première se donne avec un demi-kilogramme de garance par pièce ; on ne pousse pas la température jusqu'à l'ébullition, mais seulement jusqu'à ce qu'on ne puisse plus tenir la main dans le bain, et que les couleurs se distinguent bien. On enlève alors les pièces et on les porte à la rivière pour les faire dégorger. Après avoir vidé et nettoyé la chaudière, on prépare un nouveau bain avec un kilogramme de garance par pièce; on conduit le garançage comme le premier, et, vers la fin, lorsque la température est portée à l'ébullition, on laisse bouillir pendant un quart d'heure tout au plus.

« Lorsque les toiles ont été garancées, il faut enlever aux fonds blancs les taches rouges dont ils se sont chargés dans le bain. Pour remplir cet objet, on laisse tremper les toiles : au sortir du bain, on les bat bien sur le pont, ou mieux à la mécanique, et on les expose pendant quatre ou cinq jours sur le pré, de manière que l'envers soit en dessus. On maintient les pièces en les attachant à de petits piquets, par les quatre coins et de distance en distance, le long des lisières. Lorsque les toiles commencent à sécher, on les arrose avec une *écope*, surtout lorsque le soleil est ardent. Aussitôt qu'elles commencent à blanchir, on les passe dans un bain de bouse de vache; on les fait même bouillir dans l'eau de son, et l'on répète ces débouillis jusqu'à ce que les blancs soient bien éclaircis, après quoi on fait bien sécher. »

Il paraît que la proposition que Widmer avait faite de passer les pièces dans la lessive d'*eau de*

Javelle très affaiblie, pour blanchir les fonds qui doivent rester blancs, qu'il avait annoncée comme plus expéditive, n'a pas été adoptée à cause des inconvéniens qu'elle présente : ainsi nous ne la décrirons pas.

Du *gaudage*. « L'opération du gaudage se fait de même que celle du *garançage* ; la seule différence consiste dans la substance qui colore le bain : ici c'est la gaude ou le quercitron qu'on emploie au lieu de garance. Toutes les opérations que nous venons de décrire pour le garançage sont les mêmes pour le gaudage ; il n'y en a qu'une qu'on ajoute avant le séchage, la voici :

« Comme le jaune est devenu un peu terne on lui rend toute sa vivacité en passant les pièces pendant quatre ou cinq minutes au plus, dans une eau très légèrement acidulée par de l'acide muriatique (*hydro-chlorique*), qui achève d'ailleurs d'enlever les parties de jaune qui pourraient être restées dans le fond ou sur le rouge, et qui en altéreraient l'éclat : alors on fait bien sécher.

« Lorsque les fonds des toiles qui ont été imprimés de mordant de rouge, de noir ou violet ou de toute autre couleur qui se forme par le garançage, ont été bien nettoyés, on procède alors au *rentrage* du jaune et du bleu, quand l dessin l'exige. Nous allons nous occuper de cette opération.

§. II. *Du rentrage pour les couleurs d'application.*

Nous avons donné, page 62, la définition du mot *rentrage;* nous avons annoncé qu'il y a dans l'art dont nous nous occupons, plusieurs opérations qui portent ce nom. Nous avons décrit le *rentrage* pour les mordans, nous allons parler ici du *rentrage* pour les couleurs d'application, et plus tard nous traiterons des autres rentrages.

Ce *rentrage* s'opère à l'aide des planches nommées *rentrures,* comme pour les mordans, mais au lieu de mordans, on applique immédiatement sur la toile des couleurs épaissies, tantôt à la gomme, tantôt à l'amidon torréfié. Ces couleurs servent à compléter le dessin qu'on a eu intention de faire, et qu'on n'a pas pu développer par les mordans, le garançage ou le gaudage. Par conséquent le rentrage ne s'exécute qu'après les opérations que nous avons décrites.

Le rentrage a été substitué au *pinçotage,* qu'on n'emploie presque plus aujourd'hui. Il était exercé par des femmes ou des enfans qu'on nommait *pinçoteuses.* Ils appliquaient ces couleurs à l'aide de pinceaux.

Nous allons prendre encore pour guide le savant Vitalis, qui, par une longue expérience, a appris à connaître les meilleurs procédés pour obtenir les couleurs d'application, et qui avoue lui-même que deux seulement d'entre elles sont solides; le bleu d'indigo et le jaune de rouille.

§. III. *Des couleurs d'application.*

N° 1. *Bleu d'application.*

« Dans soixante litres d'eau, on fait bouillir pendant une demi-heure sept kilogrammes et demi (quinze livres) de potasse, et trois kilogrammes (six livres) de chaux vive, afin de rendre la potasse caustique; on ajoute ensuite trois kilogrammes d'orpiment (*sulfure d'arsenic*) réduit en poudre fine, et l'on continue l'ébullition pendant un quart d'heure, ayant soin d'agiter continuellement avec une spatule. On verse alors dans la chaudière un peu refroidie, de trois à quatre kilogrammes d'indigo bien broyé au moulin, et l'on agite de nouveau jusqu'à ce que l'indigo soit bien dissous, ce que l'on reconnaît lorsqu'une goutte de liqueur, posée sur un verre blanc, paraît jaune. Le bain encore chaud, on l'épaissit avec un quart de kilogramme de gomme ou avec cent vingt-deux grammes (quatre onces) d'amidon torréfié, par litre de liqueur.

« Il faut avoir grand soin de conserver cette préparation à l'abri du contact de l'air, et de ne l'employer qu'autant que sa couleur est jaune, ou au moins jaune-verdâtre. Si cette liqueur devient bleue, il faut la traiter de nouveau avec quelques demi-kilogrammes de potasse caustique et d'orpiment. Ce bleu d'application, très employé autrefois, ne l'est presque plus aujourd'hui; on lui préfère un autre bleu, moins solide il est vrai, mais plus brillant. On le prépare avec le bleu de Prusse, de la manière suivante :

« Dans une terrine de grès, on met cent vingt-deux grammes (quatre onces) de beau bleu de Prusse (*hydro-cyanate de tritoxide de fer*), réduit en poudre et passé au tamis très fin; on verse par-dessus peu à peu, et en délayant au fur et à mesure, assez d'acide muriatique (*hydro-chlorique*) pour amener le mélange à la consistance d'un sirop; on agite bien d'heure en heure pendant une journée, et on épaissit ensuite avec huit à seize litres d'eau gommée, suivant la nuance l'on veut obtenir.

N° 2. *Rouge d'application.*

« On fait cuire un demi-kilogramme de bois Brésil dans quatre litres d'eau, pendant deux

heures, on décante la décoction, et on la rédui
à deux litres. On ajoute alors autant de mordan
de rouge qu'il est nécessaire pour déterminer u
beau rouge, et enfin on épaissit avec un quar
de kilogramme (huit onces) d'amidon torréfié
La couleur sera d'autant plus belle que la dé
coction de Brésil sera plus ancienne. »

A défaut de bois de Brésil, on pourra se ser
vir des bois de Sapan, de Sainte-Marthe, d
Nicaragua, après les avoir épurés de la couleu
fauve qu'ils contiennent, par le procédé de Dir
gler. (*Voyez* au *Vocabulaire* au mot *Brésil.*)

N° 3. *Jaunes d'application.*

« On fait cuire deux kilogrammes de grain
de Perse ou d'Avignon dans vingt-quatre litr
d'eau, qu'on fait reduire à moitié. On *décant*
et dans la liqueur claire on fait fondre trois quai
de kilogramme d'alun. Pour le jaune clair,
épaissit avec la gomme, et pour le jaune fon
avec l'amidon. Ce jaune ne résiste pas au savo
nage : le suivant est aussi solide qu'agréable.

« *Autre jaune d'application.* — Dans huit litr
d'eau, on fait bouillir deux kilogrammes d'éco
de *quercitron* en poudre, jusqu'à réduction
moitié ; on passe au tamis, on épaissit avec
kilogramme et demi de gomme, et on y mêle p

peu assez de dissolution d'étain (*Voyez* au *Vo-abulaire*) pour rendre la couleur d'un jaune rillant. Ce jaune résiste bien aux acides végé-iux et au savon : mis sur un fond bleu, il forme n beau vert. »

En mêlant au bain de jaune un peu de bain e rocou, on aura des jaunes orangés.

« *Jaune de rouille.* Ce jaune d'application est e plus solide de tous. Il se prépare avec la dis-olution de fer dans l'acide pyroligneux ou dans e vinaigre, ou le bain de *tonne au noir*. On paissit avec la gomme pour les couleurs claires, et avec l'amidon, toujours torréfié, pour les nuances plus ou moins foncées. »

Le jaune de rouille, appliqué sur le bleu, donne un vert foncé qui sert à faire les tiges de certaines fleurs.

N° 4. *Vert d'application.*

« On mélange du bleu et du jaune d'applica-tion dans lequel le jaune domine beaucoup. Le mélange doit se faire peu à peu et avec le plus grand soin, afin de pouvoir s'arrêter à la nuance qu'on veut obtenir.

N° 5. *Aurore d'application.*

« On ajoute suffisamment d'alun en dissolu-

tion au bain de rocou, et l'on épaissit avec l
gomme.

N° 6. *Noir d'application.*

« Sur douze litres de *tonne au noir* ou de *py
rolignate de fer*, à quatre degrés du pèse-liqueu
de Baumé pour les sels, on ajoute cent vingt-deu
grammes (quatre onces) de vitriol de Chypr
(*sulfate de cuivre*) dissous dans l'eau , et quantit
suffisante de noix de galle pour arriver à un bea
noir. On épaissit avec dix-sept cent vingt-troi
grammes (trois livres et demie) d'amidon , qu
l'on détrempe peu à peu dans une portion de l
liqueur. On fait cuire, on retire de dessus le feu
et on agite continuellement jusqu'à ce que le mé
lange soit refroidi. On passe alors au tamis o
à travers un linge.

« *Autre noir d'application.* — Dans vingt-quatr
litres d'eau, on fait cuire un kilogramme de boi
d'Inde, autant de sumac, et un quart de kilo
gramme (huit onces) de noix de galle, jusqu'
ce que la liqueur soit réduite à la moitié de so
volume. On ajoute alors un litre de tonne a
noir, et l'on fait réduire, par l'ébullition, le tou
à six litres. On décante, et l'on fait dissoudr
dans le clair soixante-un grammes (deux onces
de vitriol de Chypre (*sulfate de cuivre*), e

rente grammes (une once) de sel ammoniac. On
paissit avec l'amidon, et l'on passe au tamis
vant de se servir de cette composition.

N° 7. *Violet et lilas d'application.*

« On fait cuire, dans trente litres d'eau, trois
ilogrammes de bois d'Inde moulu ou en copeaux,
squ'à réduction de dix litres ; on décante le clair
l'on y fait dissoudre trente grammes (une once)
alun par litre de liqueur. Le violet foncé s'é-
issit avec l'amidon, et le violet clair avec la
mme, que l'on fait dissoudre à froid.

« *Nota*. Cette couleur s'altère aisément ; c'est
urquoi il faut la préparer seulement au mo-
ent du besoin, et l'employer aussitôt qu'elle est
te. »

Nous avons dit, page 78, d'après Vitalis,
e deux seulement des couleurs d'application
nt il nous a fourni les procédés sont solides,
bleu d'indigo et le jaune de rouille. On
ouvera au Chapitre II, §. I, *de l'Impression
s étoffes de soie*, de nouveaux procédés, publiés
r M. de Kurrer, pour rendre solides toutes
rtes de couleurs qu'on avait jusqu'ici regardées
mme fugaces.

Observations.

La peinture sur velours de coton se pratiqu
avec les mêmes couleurs d'application, et pa
les mêmes procédés que nous venons d'indique
pour les toiles de coton dans ce Chapitre IV.
suffit après cela de les passer à la vapeur, comm
il sera indiqué au chapitre II de la troisième par
tie de ce *Manuel*.

Le procédé qu'a donné M. Vauchelet, dans l
description de son brevet, n'est pas exact; il
été éprouvé et n'a pas réussi. Celui que nous in
diquons ici peut être suivi avec toute confiance
l'expérience qu'on en a faite à plusieurs repris
a été couronnée d'un notable succès.

Le brevet de M. Vauchelet est expiré; il e
décrit au tome V *des brevets expirés*, page 164
il ne mérite aucune confiance.

§. IV. *Ordre des opérations à suivre dans la f*
brication des toiles peintes.

Nous n'aurions plus rien à dire sur la fabr
cation ordinaire des indiennes de l'ordre do
nous nous sommes occupé jusqu'ici, si Vital
n'avait eu, le premier, l'excellente idée de form
un tableau destiné à servir de guide à l'indie

neur, dans l'ordre des opérations qui constituent la marche qu'il convient de suivre pour bien exécuter certain genre d'indienne. Ce sont ses propres expressions. Ce tableau est trop important pour que nous ne le transcrivions pas ici en entier. Déjà le *Dictionnaire des teintures de l'Encyclopédie méthodique* l'a copié en partie ; mais pour ne rien laisser à désirer au lecteur, nous allons le donner en entier.

« Le genre des toiles peintes, dit ce savant professeur, comprend les indiennes dites *à une main, à deux, à trois, à quatre, à cinq, à six mains*, etc., suivant qu'elles passent une, deux, trois, quatre, cinq, six fois par la main de l'imprimeur.

« Quelques exemples de la manière dont on doit s'y prendre pour fabriquer chacune des espèces des indiennes, qui appartiennent à ce genre, suffiront pour diriger l'ouvrier dans l'exécution d'un dessin quelconque.

Indienne à une main.

« PREMIER EXEMPLE. *Couleur du dessin* : Violet sur fond blanc.

Procédé d'exécution : — 1°. Impression du mordant de violet ; — 2°. passage en bouse et lavage; — 3°. garançage; — 4°. sonage et exposition sur le pré pendant quelques jours pour nettoyer le fond. (1)

« Deuxième exemple. *Couleur du dessin :* Noir sur fond jaune.

Procédé d'exécution : — 1°. Bain de mordant de jaune; — 2°. gaudage; — 3°. noir d'application.

Indienne à deux mains.

« Premier exemple. *Couleur du dessin :* Premier olive et deuxième olive sur fond blanc.

Procédé d'exécution : — 1°. Impression du mordant de premier olive; — 2°. impression du mordant de deuxième olive; — 3°. gaudage.

« Deuxième exemple. *Couleurs du dessin :* Rouge et bleu sur fond blanc.

Procédé d'exécution : — 1°. Impression du mordant de rouge; — 2°. garançage; — 3°. impression, pour le *rentreur*, du bleu d'application.

« Troisième exemple. *Couleurs du dessin :* Jaune et noir sur fond-blanc.

---

(1) Dans tous les exemples qui vont suivre, nous ne parlerons plus du *sonage* et de l'exposition sur le pré : ces deux opérations doivent toujours avoir lieu lorsqu'on doit nettoyer le fond.

Procédé d'exécution : — 1°. Impression du mordant de jaune; — 2°. gaudage; — 3°. impression du noir d'application.

Indienne à trois mains.

« EXEMPLE. *Couleurs du dessin :* Premier olive, deuxième olive, et jaune sur fond blanc.

Procédé d'exécution : — 1°. Impression du mordant de premier olive; — 2°. impression du mordant de deuxième olive; — 3°. impression du mordant de jaune; — 4°. gaudage.

Le troisième article de ce procédé, ou la troisième main aurait pu s'exécuter par l'application du jaune d'application, après le gaudage et l'exposition sur le pré.

Indienne à quatre mains.

« EXEMPLE. *Couleurs du dessin :* Noir, rouge, violet et jaune sur fond blanc.

Procédé d'exécution : — 1°. Impression du mordant de noir; — 2°. impression du mordant de rouge; — 3°. garançage; — 4°. impression du jaune d'application, ou bien mordant de jaune et gaudage.

Indienne à cinq mains.

« EXEMPLE. *Couleurs du dessin :* Noir, rouge, violet et bleu sur fond blanc.

Procédé d'exécution : — 1°. Impression du mordant de noir; — 2°. impression du mordant de rouge; — 3°. impression du mordant de violet; — 4°. garançage; — 5°. rentrage du bleu et ensuite du jaune.

Indienne à six mains.

« EXEMPLE. *Couleurs du dessin* : Premier olive, deuxième olive, noir, premier rouge, deuxième rouge, et jaune sur fond blanc.

Procédé d'exécution : — 1°. Impression du mordant de noir ; — 2°. impression du mordant de premier rouge; — 3°. impression du mordant de deuxième rouge; — 4°. garançage ; — 5°. impression du mordant de premier olive; — 6°. impression du mordant de deuxième olive;—7°. impression du mordant de jaune ; — 8°. gaudage.

Avant d'indiquer la manière d'apprêter les toiles peintes pour les livrer au commerce, nous devons décrire plusieurs procédés nouveaux, qui ont été introduits ou perfectionnés depuis quelques années, afin de compléter tout ce qui est connu sur l'art de fabriquer les toiles peintes ou indiennes. Nous continuerons à prendre pour guide le savant Vitalis, dont nous empruntons presque toujours le langage.

CHAPITRE V.

DES RONGEANS.

« Dans l'impression des toiles, on donne le nom de *rongeans* à certaines substances dont on se sert, soit pour enlever quelques portions de mordans appliqués sur le tissu, soit pour modifier, changer ou *virer* les couleurs déjà appliquées. »

Les premiers se nomment *rongeans blancs;* parce qu'en détruisant la partie des mordans sur laquelle on les applique, ils empêchent cette partie de se combiner avec la couleur, et la font rester blanche.

Les seconds se désignent dans les ateliers sous le nom de *rongeans jaunes*, parce qu'en général ils sont destinés à faire virer au jaune la couleur primitive.

Ces rongeans sont pris, ou dans la classe des acides minéraux, tels que l'acide sulfurique, l'acide nitrique, l'acide hydro-chlorique, l'acide hydro-chloro-nitrique; ou dans la classe des acides végétaux, tels que l'acide citrique, l'acide

tartrique, l'acide oxalique, auxquels on ajout
quelquefois une petite quantité d'acide sulfurique, pour aider à leur action ; ou dans l
classe des sels, tels que les hydro-chlorates d'é
tain, de potasse, le sur-arséniate de potasse, etc.
dont on se sert sous la forme de *réserve*, comm
nous l'indiquerons dans le chapitre destiné à ce
genre d'opérations.

Les rongeans comme les mordans, et les couleurs d'application qui servent à l'impression des
toiles, doivent être épaissis soit avec la gomme
arabique, soit avec la gomme adragante, soit
avec l'amidon toujours torréfié, et appliqué avec
des planches par les manipulations du *rentrage*.
(*Voyez* page 77.)

En général, aussitôt qu'on a fait l'application d'un rongeant, il faut se hâter de porter
l'étoffe à la rivière, et la laver avec soin pour
empêcher qu'elle ne soit altérée par la partie
acide du rongeant. Si le dessin exigeait du noir,
il faudrait l'appliquer avant le rongeant jaune.

Quoique chacun des deux rongeans que nous
avons désignés puisse s'employer isolément, cependant on en combine quelquefois les effets
pour certains dessins, comme on le verra plus
bas. Voici maintenant des exemples sur la ma-

nière d'opérer avec l'un ou l'autre des deux rongeans, d'abord séparés, puis réunis.

§. I. *Impression par rongeant sur mordant.*

« On emploie ce procédé à fabriquer les toiles
pour deuil, qui se composent d'un dessin blanc
sur fond noir. On commence par passer la
pièce au mordant de noir, en se servant de la
machine décrite page 58; lorsque ce mordant
est bien sec, on imprime le rongeant blanc, préparé avec l'acide nitrique ou l'acide oxalique,
épaissi avec l'amidon torréfié; on fait sécher, on
lave et l'on garance. Au sortir du garançage, on
lave bien les pièces, et on les expose sur le pré
jusqu'à ce que les blancs soient bien nets. »

« On voit ici que toutes les parties de la toile
où le mordant n'aura pas été atteint par le rongeant, prendront un noir plus ou moins intense
par le garançage, tandis que partout où le mordant aura été détruit, la couleur de la garance
pourra se combiner à l'étoffe, et qu'il suffira de
mettre les toiles sur le pré pour enlever le peu
de rouge qui salissait le blanc.

« A l'imitation de ce procédé, on se procurera
aisément des dessins blancs sur un fond de couleur rouge, carmélite, violet, puce, etc., puisqu'il

ne s'agit que de passer d'abord au mordant d
l'une de ces couleurs, puis d'appliquer le ron
geant blanc, et enfin de garancer.

« On se conduirait encore de même si l'o
voulait obtenir un dessin blanc sur un fon
olive, si ce n'est qu'au lieu de garancer il fau
drait gauder ou quercitronner.

« Ces exemples sont plus que suffisans pou
guider un artiste intelligent.

§. II. *Impression par rongeant sur couleur, ou rongeant jaune.*

« Supposons que le calicot ait été teint dan
un bain de Campêche, mêlé de dissolution fer
rugineuse, la toile prendra dans le bain la cou
leur noire. Si après que la toile aura été séchée
on l'imprime avec une dissolution d'étain con
venablement épaissie, la partie ferrugineuse d
la toile touchée par le rongeant jaune se dé
truira, et les places où le mordant aura été a
teint par le rongeant passeront du noir foncé a
cramoisi très brillant.

« En soumettant au même traitement, des ca
licots teints de différentes couleurs et nuances
qui auront été déterminées par divers degrés
nuances d'oxidation du fer, on produira un

ule de changemens, soit dans les couleurs, soit
ıns les nuances. »

« Les couleurs même les plus foncées, qui
ont que le fer pour mordant, disparaissent par
action de la dissolution d'étain, qui rend les
laces où elle a été appliquée d'un jaune assez
gréable.

« On peut, par une opération semblable,
ıire sur les toiles des dessins d'un beau vert,
n les teignant d'abord d'un bleu clair dans une
ıve d'indigo, les passant ensuite dans un bain
le sumac et de sulfate de fer, et finissant par un
)ain de quercitron et d'alun. Ici, la couleur verte
)roduite par l'indigo et le quercitron reste mar-
ıuée, ainsi que les autres couleurs, par l'oxide
le fer du sulfate, jusqu'à ce qu'on applique la
lissolution d'étain, qui fait disparaître les autres
couleurs, et donne aux couleurs qui restent un
éclat qu'elles n'auraient pas eu sans cela, parce
que la dissolution d'étain rend plus vif le jaune
du quercitron, et que de ce jaune vif associé au
bleu résulte un vert plus brillant.

« On peut faire un dessin de couleur aurore
sur un fond olive, en passant d'abord la toile en
bain de sumac et de sulfate de fer, lavant ensuite dans une décoction alcaline de fustet, et en

imprimant enfin avec une dissolution incolo
d'étain. On peut aussi obtenir un dessin jau
sur fond olive ; on serait obligé de se servir
la dissolution d'étain, épaissie comme il a été (
plus haut. Ce rongeant, en détruisant la cô
leur olive donnée par le fer, la fait passer ;
jaune. Si, au lieu d'épaissir le rongeant jaun(
à l'ordinaire, avec la quantité déjà détermin(
d'amidon, on y en ajoute un tiers de plus, (
qu'on le colore avec la décoction de graine d
Perse, ou celle du bois de Brésil, dans le pre
mier cas on obtiendra un jaune plus intense, e
dans le second un jaune plus orangé.

§. III. *Impression par la combinaison des deu*
rongeans.

Pour ne pas répéter ce qui a été dit dans le
paragraphes précédens, nous nous bornerons
avec Vitalis, à donner seulement des exemples

« PREMIER EXEMPLE. *Couleur du dessin :* olive
jaune et blanc.

Procédé d'exécution : — 1°. Passer au mordan
d'olive ; — 2°. imprimer le rongeant blanc ; —
3°. sécher et laver ; — 4°. gauder ; — 5°. impri
mer le rongeant jaune.

« DEUXIÈME EXEMPLE. *Couleur du dessin :* roug(

if et rouge terne, blanc, jaune, et noir sur le
ond olive.

Procédé d'exécution : — 1°. Imprimer au mor-
ant de rouge; — 2°. garancer; — 3°. passer au
mordant d'olive; — 4°. imprimer le rongeant
lanc; — 5°. gauder; — 6°. imprimer le ron-
eant jaune; — 7°. imprimer le noir d'applica-
on; — 8°. laver.

« Il ne faut pas se dissimuler que, quoique les
puleurs obtenues au moyen des rongeans, soit
ur mordant, soit sur couleur, soient aussi bel-
s, elles ne sont cependant pas aussi solides que
elles qui se font par le garançage. »

IV. *Description de l'opération nommée* enlevage.

Dans les ateliers de fabricant de toiles peintes,
n donne le nom de *mérinos* à des calicots teints
n rouge des Indes. Lorsqu'on veut obtenir des
essins blancs sur cette couleur, qui est d'une très
rande solidité, on ne peut employer ni l'un ni
autre des rongeans dont nous avons parlé jus-
'ici. On fait disparaître la couleur par un pro-
dé auquel on a donné dans les ateliers le nom
enlevage, en employant le chlore. Voici com-
ent Vitalis décrit cette opération.

« On parvient à enlever, par places, la cou-

leur sur la toile teinte, en imprimant, par l
moyen des *rentrures*, une liqueur acide que l'o
prépare en mêlant une partie d'acide sulfuriqu
avec six parties d'eau, et on épaissit avec env
ron trois quarts de kilogramme de gomme ara
bique sur deux litres de liqueur acidulée, et l'o
imprime. Aussitôt que la toile est imprimée, e
sans la faire sécher, on la passe dans une disso
lution de chlorure de chaux, à 18 degrés d
chloromètre. Le rouge est détruit dans tout
les parties qui ont été touchées par l'acide su
furique, et l'on obtient un dessin blanc sur u
beau fond rouge. L'acide sulfurique, appliqu
sur la toile, décompose le chlorure de chaux
s'empare de la chaux, et met le chlore en libert
Celui-ci attaque le rouge, le détruit, et laisse d
blanc partout où il lui a été permis d'exercer so
action. »

§. V. *Enlevage sur des pièces de mouchoirs.*

On procède encore d'une autre manière po
faire l'*enlevage* ; mais cette méthode n'a lieu qu
pour des mouchoirs d'une dimension égale. El
a été décrite dans des journaux anglais d'où no
l'avons traduite.

Ces mouchoirs, superposés et bien étendus s

une plaque de plomb, d'une dimension égale à celle des mouchoirs, et découpée à jour, suivant le dessin qu'on veut avoir, forment une pile d'environ 541 millimètres (20 pouces) de haut, qu'on recouvre d'une plaque semblable à la première, et qui se réunit à elle par quatre vis établies aux angles, de manière à exercer une très forte pression. Cette pile, ainsi disposée, est placée dans une bâche de fonte bien calibrée à la pile, laissant en dessus et en dessous des espaces hermétiquement fermés ; alors, à l'aide d'une presse hydraulique qui exerce une très forte pression, la toile ne se trouve libre que dans les vides que présentent les découpures pratiquées dans les plaques de plomb. Un vase supérieur contient du chlorure de chaux à l'état liquide, et par-dessous est une machine pneumatique que l'on fait agir en même temps qu'on ouvre deux robinets, dont l'un communique avec le vase supérieur, et l'autre avec la machine pneumatique. Le vide s'opère en même temps que le chlorure coule et est attiré avec précipitation ; il passe très promptement à travers cette masse, et enlève les couleurs vis-à-vis les jours seulement. On obtient de cette manière ces mouchoirs de poche jaunes et blancs, rouges et blancs, dont les An-

glais font ordinairement usage. *Voyez* pour plu
de détails les *Annales de l'industrie nationale e*
étangère, tome XVI, page 274, qui donnent l
dessin de la machine,

CHAPITRE VI.

DES PROCÉDÉS PARTICULIERS D'IMPRESSION SUI COTON, ET DES APPRÊTS.

Pour terminer cette première partie, il nou
reste à décrire quelques procédés particulier
pour imprimer sur coton : tels sont les *réserves*
les *bleus faïence*, les *lapis*, l'impression en *peti
teint ;* nous terminerons par les *apprêts*.

§. I. *De l'impression des toiles par réserve.*

On désigne sous le nom de *toiles imprimée*
par réserve, celles dans lesquelles quelques partie
seulement de la toile sont atteintes par la cou
leur, sans que sa surface entière en soit couverte.

Il est facile de concevoir qu'on ne peut obtenir ce résultat qu'autant qu'on sera parvenu à
couvrir certaines places de la surface de la toile

l'une substance qui ne permette pas à la couleur de s'y fixer, lorsqu'on plonge l'étoffe dans
le bain colorant. On avait déjà atteint ce but depuis long-temps, et tout le monde connaît ces
mouchoirs fond-bleu, couverts de dessins blancs,
qui ne sont plus en usage que parmi les femmes
de la campagne. C'était à l'aide d'une composition grasse et résineuse, nommée *réserve*, qu'on
parvenait à produire ces effets. Le bain d'indigo
donné à froid à la toile entière, ne fixait la couleur que sur les places que la *réserve* ne garan-
tissait pas, et lorsque la réserve était enlevée,
les places qu'elle avait couvertes restaient blanches. Voilà le seul procédé qu'on connaissait.

La chimie, qui a tant fait de progrès, est venue
porter le flambeau de ses découvertes dans les
ateliers, et a indiqué des moyens plus simples,
plus faciles pour arriver au même but. Ce sont ces
nouveaux procédés que le savant Vitalis a décrits avec une admirable simplicité, que nous
allons transcrire; nous ne pouvions pas choisir
un meilleur guide.

« La réserve se compose du bain de réserve et
de l'épaississage.

« *Bain de réserve*. On fait dissoudre, dans un
litre d'eau, cent quatre-vingt-quatre grammes

(six onces) de *sulfate de cuivre*, quatre-vingt-douze grammes (trois onces) de vert-de-gris, soixante-un grammes (deux onces) d'alun, e cent vingt-deux grammes (quatre onces) de gomme arabique.

« *Autre bain de réserve*. Dans deux litres d'eau on fait dissoudre cent vingt-deux grammes (quatre onces) de sulfate de cuivre, cent quatre vingt-quatre grammes (six onces) de vert-de-gris, et un demi-kilogramme (une livre) de gomme arabique. Lorsque la gomme est dissoute, on passe au tamis fin, on laisse reposer et l'on décante. »

« *Epaississage*. Pour épaissir le bain, on délaie un demi-kilogramme de terre à pipe en poudre fine, bien tamisée, dans cent vingt-deux grammes (quatre onces) d'eau. On mêle avec soin le bain de réserve avec cette bouillie épaisse et l'on broie bien le tout avant de s'en servir.

« La réserve s'imprime sur les toiles comme les mordans, si ce n'est qu'on l'étend sur u châssis dont le fond est garni de peau bien unie et qu'on doit l'appliquer légèrement avec la planche ; on se contente par conséquent de frappe la planche avec la main et non avec le maillet cependant certains dessins veulent quelquefois être frappés avec le maillet.

« Vingt-quatre heures après l'impression, on peut passer les toiles dans le bois colorant. Donnons quelques exemples afin de faciliter l'intelligence de ces manipulations, et guider les ouvriers. Commençons par le cas le plus simple, où il s'agit de réserver du blanc sur un fond qui doit être bleu.

« 1°. La réserve ayant été appliquée et bien séchée, on passe dans une *cuve de bleu à froid*, après avoir fixé la pièce par les lisières sur un *cadre* (1), attaché à une corde qui passe sur une partie fixée au plancher, au moyen de laquelle on l'élève, on l'abaisse, et l'on change de cuve à volonté. En sept ou huit minutes d'immersion, les toiles prennent tout le bleu dont elles peuvent se charger.

« Lorsqu'on a atteint la nuance de bleu qu'on désire, on soulève les cadres au-dessus de la cuve, et on laisse bien égoutter. Alors on les passe dans un bain d'eau légèrement acidulée

_____

(1) *Voyez*, au *Vocabulaire*, la description de la *cuve* et des *cadres*, aux mots CUVE DE BLEU A FROID, et CADRES.

par l'acide sulfurique. Cette opération a pour
but de débarrasser les toiles des molécules de
chaux suspendues dans le bain colorant, et qui,
en restant sur la toile, en terniraient la couleur.

« Au sortir du bain précédent, les toiles sont
enlevées de dessus les cadres, et sont portées de
suite à la rivière, où on les laisse tremper, au
piquet, jusqu'à ce que toute la réserve soit em-
portée. Les toiles portent alors des fleurs blanches sur un fond bleu, et se nomment dans le
commerce *toiles bleues en réserve.*

« Le fond est ordinairement d'un bleu foncé.
On arrive à ce fort bleu en passant successivement les toiles d'une cuve à l'autre, en commençant par les plus faibles et finissant par celle
qui est la plus chargée d'indigo, jusqu'à ce
qu'elles soient devenues assez hautes en couleur.
Lorsque les toiles sont finies, on les expose quelques jours sur le pré.

« La théorie de la réserve est très simple :
l'oxide de cuivre, qui fait la base de la réserve,
restitue à l'indigo l'oxigène qui lui avait été enlevé par le sulfate de fer; l'indigo réoxigéné perd
donc sa dissolubilité, et ne peut, par conséquent,
pas se fixer sur l'étoffe.

Puisque la réserve, destinée à rendre null

l'action de l'indigo, n'agit essentiellement que par l'oxide de cuivre qu'elle contient, il s'ensuit que les proportions de cet oxide ne sont point indifférentes, et que la mesure ne remplira parfaitement le but qu'on se propose, qu'autant que la quantité d'oxide de cuivre que peuvent fournir le sulfate et l'acétate de ce métal s'y trouvera en dose suffisante pour rendre nulle l'action de l'indigo. Si cette condition n'était pas remplie, une portion du bain colorant attaquerait la partie réservée, et le blanc serait gâté.

« Le même inconvénient aurait lieu si la réserve n'avait pas été suffisamment épaissie, ou assez bien séchée pour l'empêcher de *couler*.

« Les proportions absolues ou relatives de sulfate et d'acétate de cuivre qui entrent dans le bain de réserve varient suivant les ateliers; nous ne croyons pas devoir entrer dans ces détails, après ce que nous avons dit.

« Les toiles imprimées en réserve offrent un grand nombre de variétés. On donne ordinairement le nom de *bleus en réserve* aux toiles qui portent du blanc sur du bleu, ou deux bleus, ou du blanc sur deux bleus; et l'on appelle *réserves* en général les toiles sur lesquelles, aux couleurs précédentes, on ajoute du vert, du jaune, du rouge. Nous avons déjà donné un exemple du blanc sur bleu : voici de quelle manière se font les autres. Il suffira d'indiquer les opérations.

« 2°. *Bleu de ciel sur bleu foncé :* — 1°. Teindre la toile en bleu de ciel ; — 2°. appliquer la réserve ordinaire ; — 3°. passer la toile sur une forte cuve de bleu. On avive, on lave et l'on fait sécher.

« 3°. *Bleu de ciel, bleu foncé et blanc :* — 1°. Appliquer la réserve ; — 2°. teindre en bleu de ciel ; — 3°. appliquer de nouveau la réserve ; — 4°. passer en cuve suffisamment forte.

« 4°. *Bleu foncé, bleu de ciel, vert, jaune et blanc :* — 1°. Imprimer la réserve ; — 2°. passer dans une cuve faible, en donnant deux ou trois trempes ; — 3°. sécher (1) ; — 4°. aviver par l'acide sulfurique très étendu d'eau ; — 5°. laver, sécher de nouveau ; — 6°. imprimer de nouveau avec la réserve ordinaire ; — 7°. tein-

_____

(1) Si l'on veut obtenir du blanc sur le bleu de ciel et sur le bleu foncé, on se dispensera de sécher et de laver ; on se contentera de sécher à demi, et l'on rentrera la deuxième main de réserve sur la première toile encore humide ; on fera sécher ensuite, et on terminera comme ci-dessus.

re dans une cuve plus forte que la précédente, jusqu'à ce que le bleu soit assez intense; — 8°. sécher; — 9°. aviver comme précédemment; — 10°. laver et faire sécher; — 11°. imprimer avec le mordant de rouge, et sécher; — 12°. gauer ou quercitronner. Le mordant appliqué sur une portion de blanc et sur le petit bleu, donne du jaune et du vert : dans les parties blanches qui n'ont pas été touchées par le mordant, il reste du blanc, de même que les parties du petit bleu, non couvertes par ce mordant, fournissent le bleu de ciel.

« 5°. *Bleu de ciel, rouge et blanc* : — 1°. appliquer la réserve ordinaire; — 2°. appliquer le mordant de rouge épaissi avec la terre à pipe; — 3°. sécher; — 4°. passer en cuve de bleu faible pour avoir un bleu de ciel; — 5°. laver à la rivière; — 6°. garancer; — 7°. laver et mettre sur le pré pour nettoyer le blanc.

« On fait aussi des réserves sur soie; par exemple sur les mouchoirs nommés *foulards*, la réserve se nomme *à la cirage* (2). On fait liquéfier un mélange de suif et de résine, et on l'applique sur la soie avec une planche; la *réserve* étant im-

---

(1) C'est la même dont nous avons parlé au commencement de cet article, page 99.

primée, on passe dans un bain bleu ; les parti
réservées étant défendues contre l'action de l'i
digo, restent blanches, tandis que le reste prer
une couleur de bleu solide.

§. 2. Des lapis.

« On donne le nom de *lapis* à des toiles qu
après avoir été imprimées de réserve rongean
et de différens mordans, passent successiveme
d'abord en cuve de bleu, puis en bain de g
rance. Si le dessin qu'on a adopté exige du jau
ou du vert, à la suite du lavage de garance (
donne le mordant de jaune, et l'on passe la piè
au *gaudage* ou au *quercitronnage*.

« La dénomination de *lapis* a été donnée, da
l'origine, ajoute Vitalis, à ces sortes de toil
imprimées, parce que le dessin était tracé si
un fond bleu de saphir ou de *lapis-lazuli*. C
peut asséoir le dessin des *lapis* sur toute sorte (
fonds, bleu, rouge, vert ou puce, etc. On en
ploie, pour former le dessin, la réserve rongean
propre à ce genre d'impression, et dont voici
recette.

« *Réserve*. On fait fondre ensemble de l'axon{
de porc et de l'arcanson, et quand le mélange e
refroidi, on le délaie avec de l'huile de térében
thine, et l'on ajoute ensuite du *sur-arséniate (

tasse et un peu de *sublimé corrosif* réduits en
udre; on broie à la molette et l'on imprime
suite.

« Proposons-nous, pour exemple, d'imprimer
r la toile un dessin où il entre du blanc, du
uge, du noir, du bleu, du vert et du jaune.
s toiles étant supposées avoir été parfaitement
nchies, c'est-à-dire bien décreusées et prépa-
s par toutes les opérations que nous avons
taillées dans les quatre paragraphes du Cha-
re Ier, page 5, on manipule comme il suit:

« *Procédé d'exécution :* — 1°. Appliquer la ré-
ve rongeante ci-dessus; — 2°. imprimer le
rdant de rouge épaissi à la terre de pipe; —
imprimer le mordant de noir, épaissi de la
me manière; — 4°. quarante-huit heures au
s après l'impression terminée, on passe les
les en forte cuve : l'immersion doit être de six
utes au plus en deux trempes; entre chaque
mpe, on laisse déverdir pendant cinq mi-
es; on porte ensuite les toiles à la rivière, on
y laisse tremper pendant une heure, et on
e; — 5° on passe en bouse; — 6°. on passe au
; — 7°. on donne le garançage; — 8°. on bat
c soin, et l'on fait sécher; — 9°. on applique
mordant de rouge, qui sert aussi de mordant

de jaune, puis on nettoie bien les pièces; —
10°. on passe en bain de quercitron; après qu
on lave, et enfin on fait sécher.

« Pour peu qu'on réfléchisse sur ce procédé
on voit aisément comment les différentes cou
leurs sont ici produites. Le bleu est le produ
immédiat de la cuve; le rouge et le noir so
développés par le garançage, sur les morda
respectifs de ces couleurs. La combinaison d
bleu avec le jaune, sur mordant de cette de
nière couleur, donne le vert; le jaune résulte
la partie colorante du quercitron fixée par
mordant du rouge, qui est aussi celui du jaun
enfin le blanc est déterminé par le rongeant bla
de la réserve rongeante. Il ne sera plus diffici
d'expliquer ce qui se passe pour chacune des v
riétés que nous avons indiquées plus haut. »

§. 3. Des bleus de faïence ou bleus anglais.

Il n'est pas toujours nécessaire de recouri
la réserve pour obtenir deux bleus sur un fo
blanc. On désigne sous le nom de *bleus de faïenc*
ou *bleus anglais*, les toiles imprimées par le pr
cédé qu'a décrit notre savant guide M. Vital

« Les deux bleus se tirent l'un et l'autre
l'indigo seul; mais dont on modifie la couleur

e broyant avec les trois cinquièmes de son
poids de sulfate de fer très pur, et qui surtout
ne contiennent point de sels à base de cuivre:
l'indigo doit être de la première qualité.

« L'indigo étant ainsi préparé, on l'épaissit
avec poids égal d'eau gommée pour le premier
bleu, et avec cinq fois son poids d'eau gommée,
pour le second bleu ou bleu clair.

« Comme l'épaississage se fait difficilement, il
faut avoir soin d'agiter le mélange pendant long-
temps, et de le passer ensuite au tamis de crin, à
deux reprises différentes.

« Les dessins que l'on exécute sur cette espèce
d'indienne doivent être gravés très fin; il s'ensuit que l'épaississage doit aussi être tel, qu'il ne
puisse boucher les traits de ces gravures délicates, ni le *picotage* dont elles peuvent être rem-
plies.

« Le premier bleu ou bleu foncé s'imprime le
premier, et l'on attend qu'il soit bien sec pour
imprimer le bleu clair ou le second bleu. Lorsque les deux bleus sont imprimés, on les laisse
reposer pendant cinq jours avant de les passer
dans les cuves dont nous allons parler.

« Ces cuves sont au nombre de quatre, sa-
voir : la cuve à la chaux, la cuve à la coupe-

rose (sulfate de fer), la cuve à la potasse, la cuve à l'huile de vitriol (acide sulfurique).

« *Première cuve*. On met environ vingt-deux kilogrammes et demi (quarante-cinq livres) de chaux vive dans trois cents litres d'eau de rivière ; on agite bien la chaux pendant son extinction, et on laisse reposer.

« *Deuxième cuve*. On la prépare en faisant dissoudre quarante-cinq kilogrammes (quatre-vingt-dix livres) de sulfate de fer (couperose verte) bien pur, dans trois cents litres d'eau. Le bain doit être d'un beau vert ; on ajoute en outre une certaine quantité du même sel, jusqu'à ce que l'eau refuse de le dissoudre.

« *Troisième cuve*. On fait éteindre quarante-cinq kilogrammes de chaux vive dans trois cents litres d'eau ; puis on ajoute huit à dix kilogrammes de potasse ou de soude, et on agite bien le tout.

« *Quatrième cuve*. On y verse trois cents litres d'eau qu'on fait tiédir ; alors on ajoute cinq litres d'acide sulfurique. La cuve doit être en plomb.

« Les toiles étant bien sèches après l'impression, on les monte sur les *cadres* pour le *bleu réservé*, et on les passe dans les quatre cuves

ans l'ordre que nous allons indiquer. Ordre
1ccessif des opérations.

1°. Dans la première cuve, tremper cinq mi-
utes, faire égoutter quatre minutes.

2°. Dans la seconde, tremper trente minutes,
1ire égoutter deux minutes.

3°. Dans la première, tremper vingt minutes,
1ire égoutter deux minutes.

4°. Dans la seconde, tremper trente minutes,
aire égoutter deux minutes.

5°. Dans la première, tremper vingt minutes,
1ire égoutter deux minutes.

6°. Dans la seconde, tremper trente minutes,
aire égoutter deux minutes.

7°. Dans la troisième, tremper soixante mi-
1utes, faire égoutter trois à quatre minutes.

8°. Dans la quatrième, tremper quinze minu-
es, faire égoutter une minute.

« Les passages en cuve étant terminés, on dé-
:adre très promptement les toiles; on les lave et
n les rince à la rivière, jusqu'à ce qu'elles ne
·endent plus de bleu.

« Au fur et à mesure que les toiles passent
lans les cuves, elles prennent un vert sale qui
levient de plus en plus foncé, mais qui disparaît
lans l'eau acidulée.

« Les pièces sont ensuite passées dans l'ea
tiède acidulée d'acide sulfurique. Cette opérati
se fait dans une chaudière de plomb, et se co
tinue jusqu'à ce que le blanc soit bien découvei
On les rince de suite avec le plus grand soin à
rivière, où on les laisse même au piquet, pendan
un temps suffisant pour que l'eau courante ai
entraîné jusqu'au dernier atome de l'acide, c
qui est de la plus grande importance. On expos
enfin les pièces sur le pré, pendant deux o
trois nuits, jusqu'à ce que le fond ait acqui
un blanc parfait.

« Pour assurer le succès de ce genre d'impres
sion, qui présente beaucoup de difficultés, e
exige plusieurs précautions sur lesquelles il e
utile d'être bien fixé,

« 1°. On doit pallier les cuves environ u
demi-quart d'heure avant d'y passer les pièces
et répéter cette manœuvre à chaque fois qu
l'on passe d'une cuve à l'autre.

« 2°. Il est avantageux de ne pas laisser le
cadres tout-à-fait en repos dans les cuves, ma
de leur donner un peu de mouvement de temp
en temps, c'est-à-dire de les élever quelques i
stans au-dessus du bain, afin de les éventer, et o
les replonge de suite.

« 3°. On ne doit jamais manquer d'attacher au *cadre* un petit échantillon qui puisse tremper dans l'eau acidulée avant que le cadre y soit plongé. Si l'échantillon n'est pas d'un bleu aussi if qu'il doit l'être, on ramène le *cadre* dans la uve à la potasse, et même d'abord dans celle au ulfate de fer.

« Si, faute d'avoir pris la précaution que l'on rient d'indiquer, le bleu-faïence était manqué, l faudrait donner aux pièces un *débouilli*; après juoi on reprendrait la suite des opérations.

« 4°. Il faut alimenter tous les jours la cuve à la chaux, en la chargeant de quelques livres de nouvelle chaux vive.

« 5°. Si, après avoir passé cinquante ou soixante pièces dans les deux premières cuves, on s'aperçoit qu'au passage d'une nouvelle pièce dans la cuve à la chaux, pendant cinq minutes, la toile jaunit, c'est une preuve que la cuve à la chaux est chargée de sulfate de fer (*couperose*); il faut alors jeter cette cuve de chaux, et en monter une nouvelle. »

Les bleus - faïence sont, dans le travail des indiennes, l'opération la plus difficile à bien conduire; cependant, en suivant bien exactement, avec une grande attention et sans négligence,

les procédés que nous venons d'indiquer, on peu
être assuré de la réussite.

§. IV. *De l'impression des toiles de coton en peti teint.*

Les couleurs de petit teint ne sont jamais solides; elles disparaissent plus ou moins promptement, lorsqu'on les soumet à une lessive alcaline;
nous nous serions abstenu, par cette seule raison, d'en donner ici les procédés; cependant
plusieurs réflexions nous ont fait changer de ré-
solution. D'abord, nous tenions à rendre ce Manuel le plus complet possible; et ensuite, d'après
l'observation de M. Vitalis, comme on emploie
le petit teint pour réimprimer des mousselines et
des indiennes dont l'impression a été mal exécutée, ou dont le dessin n'est plus de mode, nous
avons senti qu'il nous était impossible de nous
en dispenser. Il sera même utile, sous un autre
rapport; il pourra guider l'ouvrier, qui est souvent appelé à faire usage de ce moyen d'impression sur des toiles qui ont servi pour ameublement ou pour vêtement. Nous prendrons encore
pour guide le savant Vitalis, en transcrivant les
procédés qu'il a publiés.

« On commence par enlever les couleurs primitives, en les soumettant d'abord à l'action d'une lessive alcaline et du chlore, puis à l'exposition sur le pré, et lorsque les toiles sont blanches, on les imprime, mais à l'envers, c'est-à-dire du côté opposé à celui qui avait été d'abord imprimé.

« Les *rouges* se font avec la décoction des bois de Brésil ou de Fernambouc, de Sainte-Marthe, etc. , après avoir dépouillé ces derniers de leur couleur fauve, comme nous l'avons dit p. 80.

« Les *jaunes* de toutes nuances s'obtiennent par la graine de Perse, la graine d'Avignon, le curcuma ou *terra merita* et le rocou.

« Le *bleu*, le *violet*, le *noir* et le *gris* se font par le bois d'Inde ou Campêche.

1°. — *Noir.*

« Dans vingt-quatre litres d'eau, on fait cuire un kilogramme de bois d'Inde, un kilogramme de sumac et un quart de kilogramme de noix de galle, jusqu'à réduction de moitié. On ajoute alors un litre de vinaigre, et l'on continue de faire bouillir jusqu'à réduction de six litres. On décante, on prend le clair du bain ; on y fait dissoudre soixante-un grammes (deux onces) de sulfate de fer (couperose verte), et trente-un grammes (une once) de sulfate de cuivre (couperose bleue ou vitriol de Chypre). On épaissit à l'amidon, on passe au tamis, et l'on imprime la couleur.

2°. — *Rouge.*

« On fait dissoudre vingt-trois à trente-un grammes (six à huit gros) d'alun par chaque litre de décoction de bois de Brésil vieux cuit, et l'on épaissit avec l'amidon.

« On rend la couleur plus agréable et un peu plus solide en y ajoutant quelques gouttes de dissolution d'étain.

« Si l'on veut que le rouge tire sur le pourpre, on y mêlera un peu d'eau de chaux, ou de lessive de soude.

3°. — *Violet et lilas.*

« Dans quinze litres d'eau, on fait cuire un kilogramme et demi de bois d'Inde, jusqu'à réduction de cinq litres, et l'on fait dissoudre trente-un grammes (une once) d'alun dans chaque litre de décoction. Le violet foncé s'épaissit avec l'amidon, et le violet clair avec la gomme que l'on fait fondre à froid dans la décoction. On ne doit préparer cette couleur qu'au fur et à mesure du besoin; et l'on doit l'employer aussitôt qu'elle est faite, car elle se ternit promptement.

« On obtient des nuances variées de couleurs très agréables, en mêlant ensemble les décoctions de bois de Fernambouc et de bois de Campêche, soit à parties égales, soit en faisant que une des décoctions domine plus ou moins sur autre, et en ajoutant au mélange quelques gouttes de dissolution d'étain. On épaissit avec la gomme ou avec l'amidon, suivant l'intensité de couleur que l'on veut se procurer.

4°.—*Bleu.*

« Dans un litre de décoction de bois d'Inde chaude et récemment préparée, on fait dissoudre quinze grammes (une demi-once), de sulfate de cuivre, et l'on épaissit avec la gomme. Cette couleur paraît noirâtre lorsqu'on l'imprime, mais elle prend au lavage une assez belle nuance de bleu.

« On fait aussi un beau bleu avec le bleu de Prusse. (*Voyez* ce *bleu d'application*, pag. 74.)

5°. — *Jaune.*

« Ce jaune est le même que celui qui est préparé avec de la décoction de la graine d'Avignon. (*Voyez* aux *couleurs d'application*, p. 80).

6°. — *Aurore.*

« On obtient cette couleur en épaississant
avec la gomme, du bain de rocou, auquel on
ajouté de la dissolution d'alun. (*Voyez* aux *couleurs d'application*, pag. 81).

7°. — *Vert.*

« On fait bouillir trois kilogrammes de gaud
et un kilogramme de bois d'Inde dans vingt-
quatre litres d'eau, jusqu'à réduction du tiers
on décante le clair, et l'on verse sur le mar
douze litres d'eau, que l'on fait réduire à quatr
par l'ébullition. On décante cette seconde décoction, que l'on mêle avec la première; on fai
dissoudre, dans le mélange, trente-un grammes (une once) de vert-de-gris, et l'on épaissi
avec la gomme ou avec l'amidon torréfié. »

§. V. *Des apprêts.*

Les apprêts dont nous allons nous occuper
ne sont relatifs qu'aux manipulations qu'on fai
subir aux calicots imprimés, pour rendre leur
surfaces bien unies et leur donner le lustre et l
poli, afin de pouvoir les livrer au commerce
Ils n'ont aucun rapport à ceux que nous avon
décrits dans le premier chapitre de ce Manuel

On mouille l'étoffe avec de l'eau dans laquelle on a fait dissoudre une certaine quantité de gomme arabique bien blanche, ou dans laquelle on a délayé avec soin une quantité suffisante l'amidon torréfié, dont les doses varient selon la qualité de l'étoffe, mais que l'habitude détermine bientôt; on fait ensuite passer cette étoffe encore humide entre deux cylindres chauffés, superposés comme un laminoir.

Ces cylindres sont en cuivre ou en fer-blanc. Lorsqu'ils sont en cuivre, on introduit dans leur intérieur, pour les échauffer, des barres de fer rougies ou des cylindres de fonte qui remplissent exactement la cavité. L'épaisseur du cuivre est ordinairement de deux à trois centimètres. Les cylindres de fer-blanc dont on fait usage en Angleterre sont chauffés par la vapeur qu'on introduit continuellement dans leur intérieur, à l'aide d'un tuyau qui aboutit à une chaudière remplie d'eau bouillante. Ces cylindres, soit en cuivre, soit en fer-blanc, sont polis. Ceux en fer-blanc sont, sous plusieurs rapports, préférables aux autres; leur construction est moins coûteuse, on les chauffe à moindres frais, la chaleur qu'ils acquièrent est plus uniforme, les étoffes sont à l'abri du danger d'être brûlées.

Voici comment est disposée la machine pou
appréter les indiennes, et comment on opère
l'étoffe est enveloppée autour d'un rouleau don
la surface est revêtue de grosse toile ; à trois dé
cimètres, au-dessus de ce rouleau, est placé u
cylindre métallique, chaud, immobile, et auss
poli que possible. Un second cylindre, sem
blable à celui-ci, se trouve de niveau avec l
rouleau, dont il est éloigné d'environ trois dé
cimètres. Au niveau du premier cylindre métal
lique se trouve un rouleau de décharge, que l'o
fait tourner à l'aide d'une manivelle. Ce roulea
est couvert d'une grosse toile qui y est fixée pa
l'une de ses extrémités ; elle passe sous le secon
cylindre métallique et ensuite sur le premier, e
reçoit la tête de l'étoffe à appréter, qui y est at
tachée par des épingles.

Quand les cylindres sont chauffés au degré d
chaleur convenable, un ouvrier tourne la ma
nivelle du rouleau de décharge qui attire l'é
toffe, et deux autres ouvriers, chacun à un de
côtés du premier rouleau, dirigent cette étoff
sur le premier cylindre, en la saisissant par se
lisières, et la développant dans toute sa largeu
de manière à ce qu'il ne s'y forme aucun pl
L'étoffe, mise en mouvement, monte sur le pr

mier cylindre métallique, descend sous le second, et remonte ensuite sur le rouleau de décharge.

L'emploi de deux cylindres métalliques chauffés, dans cette machine, a pour objet d'apprêter l'étoffe simultanément à l'endroit et à l'envers. Lorsqu'on ne veut l'apprêter que d'un côté, on n'en chauffe qu'un.

DEUXIÈME PARTIE.

—

DE L'IMPRESSION DES ÉTOFFES DE LAINE.

Après les détails dans lesquels nous sommes entré pour l'impression des toiles et étoffes de coton, nous n'aurons que très peu de chose à dire sur l'impression des étoffes de laine minces, telles que les schals et robes de mérinos, sur lesquels on imprime des fleurs et autres objets avec des couleurs variées : nous les désignerons sous le nom d'étoffes de laine pour vêtement. Nous indiquerons seulement les recettes des couleurs et la manière de les appliquer, et de leur donner toute la solidité qu'on peut désirer. Nous nous étendrons davantage sur les procédés propres à imprimer les draps qu'on destine aux ameublemens.

CHAPITRE PREMIER.

DE L'IMPRESSION DES ÉTOFFES DE LAINE POUR VÊTEMENT.

Les étoffes de laine qu'on destine à l'impression sont minces ; ce sont ordinairement des mérinos blancs, car nous n'avons pas encore connaissance qu'on soit parvenu à imprimer sur fonds de couleur à la manière des toiles peintes, c'est-à-dire avec des couleurs variées. Nous nous occuperons spécialement des étoffes blanches, dans ce Chapitre. Ces étoffes doivent être rases du côté de l'impression, et doivent être d'un beau blanc pur. On les lave, avant l'impression, dans une eau de savon tiède, on les rince dans l'eau courante, et on les fait parfaitement sécher. Voici d'après feu M. Molard les procédés qu'il a publiés, et que l'on emploie pour l'impression et la composition des couleurs.

§. Ier. *Procédés d'impression.*

« Il existe plusieurs moyens de disposer les étoffes de laine à prendre et à retenir les couleurs : nous ferons mention du suivant comme étant un des plus simples. On imprègne l'étoffe d'un mordant composé d'eau pure, d'une quantité suffisante d'acide sulfurique pour que cette eau acquière le piquant du vinaigre, et d'une pincée d'oxide d'étain par aune (un mètre, cent quatre-vingt-huit millimètres) d'étoffe ; on lave ensuite à l'eau courante, et puis on laisse égoutter.

« Les impressions se font après, soit au cylindre, quand les pièces ont une certaine longueur, ou sur des tables, avec des planches comme pour les calicots. Il y a cependant cette différence dans la disposition des tables, qu'au lieu d'être recouvertes d'un tapis ou d'une couverture de laine, elles le sont d'une toile cirée doublée d'une toile de coton.

« Les couleurs sont appliquées, de même que pour les toiles de coton, à l'aide des planches comme nous l'avons indiqué pour les couleur d'application. On pose la couleur sur le tamis le tireur l'étend avec la brosse, l'imprimeur en charge les planches dont la gravure est toujour en relief.

« Les étoffes d'une petite dimension, comm les tapis de table, les couvertures de chevaux les schals, etc., sont mises dans des cadres q les tiennent bien étendues, l'impression en est plus nette.

« Les tapis de table, les couvertures des chevaux, sont ordinairement en fond vert, et les ornemens en jaune. On teint toute la pièce en jaune, on applique dessus les ornemens en réserve, en employant la réserve composée d'axonge de porc et l'arcanson, qu'on fait dominer, et bien fondus ensemble, dans laquelle on mêle de la terre de pipe bien tamisée au tamis fin ; on l'applique chaude. On passe ensuite dans une cuve à l'indigo légèrement chauffée afin qu'elle ne fonde pas la réserve ; on donne deux ou trois passes pour obtenir un bleu de ciel, qui sur le fond jaune produit le vert. Après que l'étoffe est bien lavée, on la passe dans un bain d'eau bouillante, afin de détacher la réserve, et l'on fait sécher.

« Les impressions terminées et séchées, on expose les étoffes dans des caisses ou cuves bien fermées, pendant trente minutes, à la vapeur de l'eau bouillante ; puis on les savonne et on les rince à l'eau courante ; alors les couleurs se trouvent parfaitement fixées. (*Voyez* ci-après, Troisième Partie, *Impression des étoffes de soie*, §. II du Chapitre Ier).

§. II. *Composition des couleurs pour les étoffes de laine.*

« Le *rouge* se fait avec une décoction de cochenille, de bois de Fernambouc ou d'orseille, qu'on gomme, et dans laquelle on ajoute, par chaque trois litres de décoction, un demi-kilogramme de dissolution d'étain, et un peu d'amidon pour l'épaissir.

« Le *rouge* se fait encore avec un kilogramme d'orseille, un peu de cochenille cuite avec un peu d'alun, le tout détrempé dans deux litres d'eau pure, pendant vingt-quatre heures. Cette liqueur, passée dans un linge et puis épaissie à la gomme ou à l'amidon torréfié, se trouve propre à l'impression.

« Le *violet* s'obtient par une décoction de bois de Campêche, dans laquelle on mêle un peu d'alun, et un demi-kilogramme de dissolution d'étain, par chaque trois litres de décoction : ou mieux, en mêlant dans de justes proportions, selon la nuance qu'on veut obtenir, le premier rouge ci-dessus avec le bleu d'indigo dont nous allons parler. On épaissit à la gomme ou à l'amidon.

« Le *jaune* s'obtient par une décoction de

quercitron gommée, à laquelle on ajoute, comme
pour le rouge, un demi-kilogramme de dissolution d'étain pour trois litres de couleur.

« L'*orange* résulte du mélange du rouge et du
jaune, dans des proportions convenables à la
nuance qu'on veut obtenir.

« Le *bleu* est produit par l'indigo dissous dans
huit fois son poids d'acide sulfurique, mêlé ensuite dans dix fois son volume d'eau, et un peu
de sel de saturne (acétate de plomb).

« Le *vert* se compose d'un mélange du jaune
et du bleu indiqués ci-dessus, dans des proportions déterminées par l'intensité de nuance qu'on
veut obtenir.

Le *noir* est le même que le noir d'application.
(*Voyez* page 82).

« Quelque solides que soient ces couleurs, on
ne peut pas comparer une étoffe de laine imprimée, à cette même étoffe brochée sur les métiers à la tire, ou à la Jacquart, ou à haute lisse.
Les étoffes imprimées, et particulièrement les
schals, ne sont guère qu'à l'usage des femmes de
la classe inférieure. Les dames de la haute so-
ciété, et même celles de la moyenne, ne portent
que des schals de cachemire, ou de laine à dessins et palmes brochées. »

CHAPITRE II.

DE L'IMPRESSION DES ÉTOFFES DE LAINE POUR AMEUBLEMENT.

Depuis long-temps on imprimait sur des fond de toute couleur, mais particulièrement sur vert rouge ou violet, à nuances peu obscures, de dessins ou des fleurs en *noir*, qui se trouvaien en relief après l'impression. L'étoffe sur laquell on imprimait ces sortes de dessins était une serg en laine croisée, qui prenait le nom de *flanell* après l'impression. Elles étaient employées, sur tout dans les départemens méridionaux, à l'ha billement des paysannes et des femmes de l classe la plus inférieure. Les toiles peintes, de puis surtout que les prix en sont devenus ex trêmement bas, ont fait tomber ce genre d'in dustrie.

M. Ternaux a fait revivre cette branche d'im pression en l'appliquant à la fabrication des étof fes de laine pour ameublement. Il soumet à l'im pression les draps, les casimirs, etc., teints er jaune, rouge, bleu ou vert. Il imprime en noir avec des dessins appropriés au dessus des fau

euils, bergères, sophas, chaises, etc. On sub-
titue, dans toutes ces circonstances, ces draps,
ainsi imprimés, au velours d'Utrecht, et ils font
beaucoup d'usage.

Cet art n'a jamais été décrit. Roland de la Pla-
ière, qui s'était chargé de décrire une division
de l'Encyclopédie méthodique, *Manufactures et
Arts*, avait eu l'intention de le décrire, puisque
dans l'atlas du second volume des planches, on
en trouve six, gravées en taille-douce, portant
pour titre : *Impression des étoffes de laine*. On
ne conçoit pas ce qui a retenu M. G.-T. Doin,
rédacteur du Dictionnaire de teinture, renfermé
dans le quatrième et dernier volume de la collection commencée par Roland de la Platière,
de le décrire. Il a omis, non seulement cet art important, mais il n'a pas même donné l'explication
des six planches dont nous venons de parler.
Nous allons suppléer à cette lacune.

§. Ier. *Description de l'atelier.*

Il y a ordinairement quatre fortes presses dans
l'atelier, diposées en carré, et laissant entre elles
l'espace convenable pour le service. Au milieu
du carré est élevé un massif carré de maçonnerie
en briques qui renferme quatre tuyaux de che-

minée, dont chacun correspond, par un tuya
latéral, à un fourneau placé au-dessous de l
presse et entre les deux jumelles. Nous ne décri
rons qu'une de ces presses, avec ses accessoires
les autres trois sont semblables.

La presse a une grosse et forte vis en fer, dor
l'écrou est en bronze. La tête de l'écrou porte l
plateau ou sommier supérieur qui s'élève et s'a
baisse avec elle lorsqu'on fait jouer la vis. Le
jumelles de la presse sont assez écartées pour cor
tenir entre elles la pièce de drap de la plus grand
largeur qu'on est dans le cas d'imprimer, ave
un jeu de cinq à six centimètres de chaque côté

Sur les deux faces de la presse, et à la hauteu
d'environ deux mètres, sont fixées deux forte
pièces de bois qui reçoivent, dans des trous, le
tourillons en fer d'un cylindre en bois, de troi
décimètres de diamètre. Ces deux cylindres son
l'un devant l'autre derrière la presse.

Sur la même pièce de bois transversale son
placés, en avant des cylindres dont nous venon
de parler, deux autres cylindres en bois avec ur
axe entier en fer. Ces cylindres ont chacun ur
décimètre de diamètre; leurs tourillons roulent,
comme les précédens, dans des trous pratiqué
dans les mêmes pièces de bois. Un des tourillon

le chacun de ces derniers cylindres porte une
oue en fer à rochet, dans laquelle vient s'en-
ager un cliquet aussi en fer, poussé par un res-
ort. Sur chacun de ces deux cylindres sont fixés,
ar un bout, un morceau de forte toile de chan-
re, assez long pour descendre sur le fourneau,
près être passé sur les deux autres cylindres. On
erra plus tard l'usage de ces quatre cylindres,
ont les deux derniers ont une manivelle.

Un fourneau avec grille, propre à brûler du
harbon, est bâti sur le sol et entre les jumelles
e la presse; un tuyau de cheminée part de l'angle
u fond et se rend, par une légère inclinaison,
lans l'un des quatre tuyaux de cheminée dont
ous avons déjà parlé.

Le dessus du fourneau est formé d'une plaque
e fonte de fer épaisse, et plus grande que la
lus grande planche de cuivre gravée dont nous
llons parler.

Les planches de cuivre rouge dont on se sert
our l'impression sont gravées en creux, selon le
essin qu'on veut produire, et d'une profondeur
e deux millimètres : la *fig.* 12, *Pl.* I, en mon-
re un exemple pour un dessin de fauteuil. Leur
argeur doit être de la même largeur que l'étoffe,
t leur longueur égale au dessin qu'on veut pro-

duire, lorsqu'il est de petite dimension, comm
le siége d'un fauteuil, d'une bergère, leurs dos
siers, ou le siége d'une chaise. On peut, pou
les sophas, les graver sur deux ou trois planche
séparées; mais alors il faut des repères, et il n'es
pas aisé, comme on le verra plus bas, de les fair
rencontrer; cependant cela n'est pas impossibl
Il est cependant plus facile et plus sûr de fair
le dessin sur une seule planche et d'imprimer e
une seule fois. Nous indiquerons plus bas com
ment on opère.

La couleur noire, qui n'est autre chose qu
l'encre d'imprimeur, est placée sur une forte ta
ble à côté de la presse; c'est sur cette table qu'o
pose la planche de cuivre pour la charger d
couleur.

§. II. *Procédés d'impression.*

On attache un des bouts de la pièce de lair
au bout de la toile de chanvre d'un des cylindr
qui portent la roue à rochet; on passe la toi
sur les deux autres cylindres, et l'on coud l'aut
extrémité de la toile au bout du morceau de toi
de l'autre côté, après avoir fait passer la toi
sous le plateau ou sommier supérieur de la press
On roule la pièce d'étoffe sur l'un ou sur l'aut

des deux cylindres ; on tend bien l'étoffe sur sa largeur, afin qu'elle ne fasse aucun pli.

On allume le fourneau : lorsque la plaque supérieure est suffisamment échauffée, et pendant qu'elle s'échauffe, on charge la planche de cuivre de la couleur noire avec un tampon de laine, et on la nettoie à l'aide d'une lame mince d'acier, nommée *docteur*. Cette opération se fait sur la forte table, après avoir fait chauffer un peu la planche ; alors, avec des tenailles, on porte la planche sur la plaque de fonte, et l'on abaisse, par le moyen de la vis, la planche ou sommier supérieur qui porte la pièce de laine : il ne faut pas oublier que le dessous de cette planche est couvert de deux ou trois doubles de drap, afin de former une sorte de matelas.

On laisse le temps suffisant le drap en contact immédiat avec la planche, et, par une forte pression, on imprime ; l'étoffe entre dans toutes les cavités de la planche, et la couleur noire, aidée par une chaleur qui n'est pas capable de brûler le drap, se trouve en relief.

On change le drap de place pendant qu'on charge de nouveau la planche de couleur noire, et l'on continue de même jusqu'à ce que la pièce soit totalement imprimée.

Il faut avoir soin de faire laver avec de la p
tasse caustique les planches aussitôt qu'on a ces
de s'en servir, comme on lave les caractèr
d'imprimerie, afin de ne pas laisser sécher la co
leur, qui les détériorerait.

On nous a assuré qu'on imprimait aussi
l'aide de deux cylindres en cuivre ; placés comn
ceux d'un laminoir, dont l'un porte la gravu
et l'autre la pièce d'étoffe, qui repose sur un
double ou triple chemise de drap ; le cylindi
gravé est rempli de barres de fer rouges. Alo
ce procédé ressemblerait à celui que nous avor
décrit, page 58, pour imprimer le mordant d
toiles de coton. Ce procédé est, dit-on, employ
en Angleterre : nous ne pouvons rien affirmer su
ce point, n'ayant vu aucun de ces ateliers, e
n'ayant lu dans aucun ouvrage anglais aucun
description qui y ait rapport.

TROISIÈME PARTIE.

DE L'IMPRESSION DES ÉTOFFES DE SOIE.

L'ART d'imprimer des couleurs locales sur les toiles de coton a fait, de nos jours, tant et de si rapides progrès, qu'il n'est point étonnant que les fabricans intelligens et pleins de génie aient cherché des procédés au moyen desquels ils pussent porter des couleurs semblables sur des étoffes d'une nature différente.

C'est à l'art d'imprimer les toiles de coton qu'est due la naissance de celui qui nous occupe, c'est-à-dire de porter sur la soie des couleurs locales et brillantes ; mais ces deux qualités ne suffisaient pas, il fallait encore leur donner la solidité convenable, et la vapeur de l'eau bouillante a rempli cette condition de la manière la plus satisfaisante.

Depuis une douzaine d'années seulement, l'on s'occupe de l'art d'imprimer les étoffes de soie d'après les procédés analogues à ceux qu'on emploie pour l'impression des étoffes de coton, et déjà ce nouvel art a été porté à un haut degré de perfection.

Parmi le nombre de fabricans qui se sont distingués dans ce nouveau genre d'industrie, nous devons rappeler les beaux échantillons que MM. Haussmann frères avaient exposés au Louvre en 1819, qui attiraient les regards de tous les connaisseurs, tant par la beauté du coloris que par la perfection du dessin, et qui leur méritèrent une médaille d'or.

Cet art nouveau n'avait point encore été décrit : M. de Kurrer, d'Augsbourg, qui sentit combien cette branche d'industrie est importante ne fut arrêté par aucun sacrifice ; il voulut prendre une connaissance exacte de tous les procédés et ce n'est qu'après les avoir vérifiés lui-même et s'être assuré, par des expériences multipliées, de l'exactitude des recettes, qu'il s'est décidé à les publier en allemand dans le *Journal polytechnique de Vienne* ; et c'est la traduction de ce mémoire que nous avons, le premier, publié en français. L'on peut donc regarder cette description comme un véritable Manuel que les fabricans peuvent suivre avec la plus grande confiance. Rien ici n'est hasardé ; on peut travailler avec sûreté, sans craindre de dissiper inutilement ses fonds en essayant des épreuves incertaines, ou en exécutant des recettes trompeuses.

Honneur au philanthrope éclairé, qui s'empresse de communiquer avec le plus noble désintéressement le fruit de ses études, de ses recherches, qu'il a acquis par le sacrifice d'une partie de sa fortune !

Le taffetas, la lévantine, le tricot et le velours, sont les étoffes de soie dont on se sert pour cette sorte d'impression.

CHAPITRE PREMIER.

PROCÉDÉS D'IMPRESSION.

LE procédé qu'on emploie pour l'impression des étoffes de soie est le même que pour l'impression des étoffes de coton : la seule différence consiste en ce que l'on n'imprime pas au cylindre, mais seulement à la planche. Elles sont construites, comme nous l'avons dit, soit en bois (page 30) gravées en relief, soit en cuivre rouge gravées en taille-douce ; alors on se sert de la presse d'imprimeur en taille-douce : la seule difficulté consiste dans la superposition des repères lorsque le dessin est continu, mais ces difficultés sont faciles à aplanir.

Le plus important est de bien préparer les couleurs qu'on emploie dans ce genre d'industrie ; ces couleurs diffèrent de celles dont nous avons parlé jusqu'ici. Nous allons les faire connaître.

§. I. *Du noir.*

Parmi tous les essais qu'on a tentés pour obtenir une couleur noire très intense dans l'impression des étoffes de soie, le procédé suivant est celui qui a le mieux réussi.

On prépare d'abord une décoction concentrée de bois de Campêche, en faisant bouillir un kilogramme de ce bois en copeaux minces, ou mieux en poudre, dans une suffisante quantité d'eau, qu'on renouvelle jusqu'à ce que toute la matière colorante en soit extraite ; ensuite on fait évaporer l'eau surabondante sur un feu moins actif, jusqu'à ce que le tout soit réduit à deux litres, environ deux kilogrammes.

A deux litres de décoction de bois de Campêche, telle que nous venons de la décrire, on ajoute un quart de litre d'acétate de cuivre (nous en indiquerons plus bas la composition) avec trois cent six grammes (dix onces) d'amidon torréfié, qu'on

ait bien cuire sur le feu en le remuant continuel-
ement avec une spatule de bois ; et qu'on verse
ensuite dans un pot de grès ; et l'on ajoute aussi-
ôt trente-un grammes (une once) de noix de galle
pilée très fin, autant d'huile d'olive ; autant d'a-
cide tartareux cristallisé et en poudre fine ; puis
on remue la masse jusqu'à ce qu'elle soit entièrement refroidie.

Alors on ajoute deux cent vingt-deux grammes
(sept onces un quart) de nitrate de fer, dont
nous allons donner la composition ; et l'on remue
avec soin le tout ensemble pendant une demi-
heure ; on laisse reposer pendant vingt-quatre
heures dans un endroit frais, après quoi cette
couleur est propre pour l'impression.

Préparation de l'acétate de cuivre.

L'acétate de cuivre dont on se sert dans la
préparation de la couleur noire, est obtenu par
une double décomposition ; elle se prépare de la
manière suivante :

On fait dissoudre, d'une part, dans deux litres
l'eau (1) un kilogramme cent vingt-deux gram-

_____

(1) L'eau dont on se sert dans toutes ces préparations
doit toujours être très pure. On emploie ou de l'eau

mes de sulfate de cuivre ; on fait dissoudre pareillement, d'autre part, six cent soixante-quatorze grammes (une livre six onces) d'acétate de plomb, dans un kilogramme d'eau, et lorsque les deux sels sont parfaitement dissous, on mêle les deux dissolutions ensemble, on remue le mélange souvent et pendant six heures, ensuite on laisse reposer pendant vingt-quatre heures ; on décante, c'est-à-dire on tire à clair la liqueur qui surnage. C'est une dissolution de cuivre par le vinaigre, ou de l'acétate de cuivre.

Il importe, pour ceux qui ne sont pas versés dans la chimie, d'expliquer la théorie de cette opération. Le sulfate de cuivre est un composé d'acide sulfurique et de cuivre ; l'acétate de plomb est un composé d'acide acétique (*vinaigre*) et de plomb. Lorsque ces deux substances, à l'état liquide, sont mêlées ensemble, l'acide sulfurique abandonne le cuivre pour lequel il n'a pas une aussi grande affinité que pour le plomb et se combine avec ce dernier, tandis que l'acide acétique, qui a beaucoup d'affinité pour le cuivre, se

---

distillée, ou de l'eau de pluie immédiatement reçue de nuages sans passer sur les toits. Nous ne répéteron plus cette observation.

combine avec lui. Il résulte de ces nouvelles combinaisons du sulfate de plomb pulvérulent qui se précipite, et de l'acétate de cuivre qui reste dissous dans l'eau et qui surnage le dépôt.

On obtient, d'une manière plus simple et plus économique, l'acétate de cuivre, en employant le procédé suivant :

On prend de l'acide pyrolignique, ou vinaigre de bois concentré, que l'on trouve partout dans le commerce ; on y fait dissoudre de la chaux ; on obtient par là de l'*acétate de chaux* qu'on mélange avec le sulfate de cuivre de la même manière que nous l'avons indiqué plus haut et dans les mêmes proportions : il se forme une double décomposition et une double recomposition ; le sulfate de chaux se précipite, et l'acétate de cuivre reste dissous dans l'eau et surnage le dépôt. On décante, et l'on conserve cette liqueur dans des bouteilles bien bouchées. La théorie est la même que dans le cas précédent.

Préparation du nitrate de fer.

On prend un demi-kilogramme d'acide nitrique concentré, d'un poids spécifique de 1,500 ; c'est-à-dire qu'une bouteille, dont on connaît exactement la tare ou le poids, lorsqu'elle est vide, et que nous supposerons, par exemple, du poids de trente-un grammes (une once), si elle contient une once d'eau distillée lorsqu'elle est pleine jusqu'à une hauteur déterminée, elle pèsera soixante-un grammes ou deux onces, eau et verre compris : mais si, au lieu d'eau, on la remplit, à la même hauteur, d'acide nitrique, tel que nous venons de l'indiquer, le tout pèsera deux onces et demie, et en défalquant une once pour le verre ou la tare de la bouteille, ce qui est la même chose, il restera une once et demie pour le poids de l'acide. Or, comme on est dans l'usage de prendre l'eau pour unité de poids spécifique, et qu'on exprime cette unité par 1,000, il s'ensuivra que l'acide devra être représenté par 1,500, puisque le même volume d'acide pèse moitié plus que l'eau. Revenons à notre recette.

On prend donc un demi-kilogramme d'acide nitrique concentré d'un poids spécifique de 1,500 on l'affaiblit en y ajoutant un quart de kilogramme d'eau distillée. Cette opération se fait dans un ballon de verre que l'on place dans un autre vase à demi-plein d'eau froide, afin de diminuer l'intensité de la chaleur qui se dégage par la dissolution du fer ; on couvre l'orifice du ballon avec une fiole à médecine renversée, afin de contrain dre, sans la gêner, la sortie des vapeurs, dans le cas où elles deviendraient trop abondantes : cette fiole n'est placée là que pour empêcher des saletés de tomber dans le ballon, et pour contenir légèrement les vapeurs. On doit choisir un ballon qui ait le col un peu long.

Tout étant ainsi préparé, on jette dans le ballon une petite quantité de limaille de fer bien propre, ou de petit fil de fer coupé par petits morceaux. On ne projette de nouvelles petites portions de fer que lorsque les premières sont presque entièrement dissoutes, et l'on continue de même jusqu'à ce que l'acide refuse d'en dissoudre une nouvelle quantité.

La dissolution du fer par l'acide nitrique est brune. Lorsqu'elle est terminée, on filtre la liqueur, ou bien, lorsque le dépôt est complétement formé, on décante et l'on conserve dans un lieu frais la partie claire dans des flacons de verre bien fermés avec des bouchons de cristal usés à l'émeri.

§. II. *Du gris.*

La couleur grise se forme ordinairement, dans les cas d'impression des autres étoffes, par le noir dégradé ou affaibli selon les nuances qu'on

veut avoir; mais il n'en est pas de même pou
l'impression des étoffes de soie. On doit suivre l
procédé suivant :

On obtient facilement toutes les nuances ordinaires de la couleur grise en mêlant, en différ
rentes proportions, la décoction de la noix de gall
par l'eau pure avec celle des tranches de citror
et celle du bois de Campêche, ou bien en ajoutant à une seule d'entre elles une dissolution d
fer, soit par l'acide nitrique, soit par l'acide sulfurique, et en différentes proportions : de cett
manière on se procure toutes les nuances de gris
(*Voyez*, sur l'emploi de l'acide sulfurique, l
§. XI de ce chapitre, *Observations générales.*)

§. III. *Du rouge.*

La couleur rouge peut s'obtenir de plusieur
manières, et fournir par là la nuance que l'o
désire. En suivant tel ou tel procédé, on se pro
cure tous les rouges, depuis le plus clair jusqu'a
plus sombre. Nous allons donner une série d
plusieurs procédés dont on peut faire usage pou
atteindre, de la manière la plus avantageuse, l
but qu'on se proposera.

PREMIÈRE MÉTHODE.

On prépare d'abord, comme base générale, une décoction de bois de Fernambouc, de la manière suivante :

On fait bouillir un demi-kilogramme du meilleur bois de Fernambouc, râpé ou moulu, dans une suffisante quantité d'eau, qu'on renouvelle plusieurs fois, jusqu'à ce que tout le principe corant soit entièrement extrait ; on fait évaporer es décoctions obtenues et mêlées ensemble, jusqu'à ce que le tout soit réduit à un litre ; la décoction de Fernambouc la plus vieille est la meilleure.

N° 1. *Rouge sombre*, connu sous le nom de *premier rouge d'impression*.

Dans un litre de décoction concentrée de Fernambouc, on met :

1°. Quarante-six grammes (une once et demie) le gomme adragante en poudre fine et tamisée ; on place le tout sur un feu doux, en remuant de temps en temps, jusqu'à ce que la gomme et a décoction ne fassent qu'une seule et même masse bien homogène. A cette masse encore chaude on ajoute :

2°. Cent vingt-deux grammes (quatre onces) de

nitrate d'alumine, dont nous ferons connaître plus bas la composition, et deux dixièmes de gramme (quatre grains) de nitrate de cuivre, c'est-à-dire d'une dissolution de cuivre par l'acide nitrique que l'on obtient de la même manière que la dissolution de fer (nitrate de fer). (*Voyez* p. 141.) On remue constamment le tout jusqu'à ce qu'il soit parfaitement refroidi.

3°. Pour aviver davantage la couleur, on ajoute encore quinze grammes (une demi-once) de sulfate d'étain, dont nous indiquerons la composition.

Plus on met de nitrate de cuivre dans cette composition, et plus ce premier rouge est foncé sombre.

N° 2. *Rouge moyen*, connu sous le nom de *second rouge d'impression*.

La composition de ce second rouge est la même que la précédente; il suffit de supprimer le nitrate de cuivre.

N° 3. *Rouge clair*, connu sous le nom de *troisième rouge d'impression*.

On mêle une partie du rouge moyen ci-dessus avec deux parties de mucilage de gomme adragante, et l'on obtient une couleur rose.

La nuance de cette couleur devient plus sombre ou plus claire, selon que l'on ajoute une moins ou une plus grande quantité de mucilage de gomme adragante.

Observations.

Si, dans la décoction du bois de Fernambouc, on ajoute quatre grammes (un gros) de cochenille pulvérisée bien fin et cuite avec le bois, en suivant le reste des procédés indiqués, on obtient des couleurs rouges qui se font distinguer par leur bel éclat.

Les essais suivans, que j'ai faits sur la couleur rouge, m'ont donné d'excellens résultats, que je ne veux point tenir secrets, et qui me paraissent mériter quelque considération.

1°. Si, en composant les couleurs précédentes, au lieu de sulfate acide d'étain, tel que nous l'avons prescrit, on emploie du sulfate d'étain neutre à l'état concret, les couleurs virent au rose.

2°. La décoction concentrée de bois de Fernambouc avec du sulfate d'alumine donne un rouge nourri, tirant sur le jaune.

3°. Une légère addition d'ammoniaque change peu la couleur; cependant elle devient plus nourrie.

4°. Si, à la couleur n° 2, on ajoute un peu de muriate d'étain, c'est-à-dire formé d'étain dissous dans l'acide nitro-muriatique (*hydro-chloro-nitrique*), ou dans l'acide hydro-chlorique liquide, cette couleur prend une teinte cramoisie.

5°. Du sulfate acide d'étain ajouté à la couleur n° 2, lui donne encore un ton de cramoisi plus prononcé.

6°. Une petite quantité d'ammoniaque ajoutée à cette dernière couleur n'en change presque pas la nuance.

DEUXIÈME MÉTHODE.

Le second procédé, recommandable pour obtenir la couleur rouge, consiste en ce qui suit :

On prépare d'abord une base en mettant dans deux litres de décoction concentrée de bois de Fernambouc, encore chaude, cent quatre-vingt-quatre grammes (six onces) d'alun de Rome, et autant d'acétate de plomb (*sel* ou *sucre de Saturne*), l'un et l'autre en poudre, ou mieux dissous l'un et l'autre dans un peu d'eau bouillante. Après avoir bien agité le tout ensemble, on le laisse reposer pendant vingt-quatre ou même quarante-huit heures ; ensuite on décante le liquide, coloré en rouge, qui surnage.

Rouge d'impression N° 1, ou premier rouge.

On épaissit la préparation du Fernambouc, ci-dessus décrite, par deux cent quarante-cinq, et jusqu'à deux cent soixante-quinze grammes (huit à neuf onces) de gomme arabique ou du Sénégal. Cette composition imprimée offre une couleur rouge nourrie, tournant un peu au cramoisi. En y ajoutant du nitrate de cuivre en poudre, on fonce la couleur, plus ou moins, à volonté.

Rouge d'impression N° 2, ou second rouge.

On ajoute à deux parties de la couleur n° 1, une partie d'eau de gomme, et l'on agite le mélange.

Rouge d'impression N° 3, ou troisième rouge.

A une partie de la couleur n° 2, on ajoute une partie d'eau de gomme.

Rouge d'impression N° 4, ou quatrième rouge.

On ajoute deux parties d'eau de gomme à une partie de la couleur n° 2.

Veut-on aviver davantage cette couleur rouge, par la dissolution d'étain (sulfate d'étain), on l'épaissit par la gomme adragante.

On obtient aussi un rouge fort tendre et très

éclatant, quand on ajoute à la décoction du bois de Fernambouc huit grammes (deux gros) de cochenille en poudre, et l'on procède comme nous l'avons indiqué dans la première méthode, p. 147.

Préparation du nitrate d'alumine.

On fait dissoudre un kilogramme d'alun de Rome dans quatre litres d'eau, et l'on y ajoute un kilogramme de nitrate de plomb. On agite bien le mélange, on le laisse reposer pendant vingt-quatre heures; le liquide surnageant, qu'on décante, contient le nitrate d'alumine.

C'est ici un nouvel exemple d'une double décomposition semblable à celle dont nous avons déjà parlé, page 140. L'alun est formé d'acide sulfurique, d'alumine et de potasse; le nitrate de plomb, d'acide nitrique et de plomb; l'acide sulfurique forme avec le plomb, du sulfate de plomb qui se précipite, et l'acide nitrique s'empare de l'alumine et reste suspendu dans la liqueur, avec un peu de sulfate de potasse qui ne nuit point à la vivacité de la couleur.

Préparation du sulfate d'étain.

On met dans un vase de grès un kilogramme et demi d'acide muriatique (hydro-chlorique) trois quarts de kilogramme (une livre et demie) d'acide sulfurique concentré, que l'on verse peu à peu pour éviter l'effervescence, et l'on agite continuellement. On transvase ces acides, ainsi mêlés, dans une cucurbite de verre, et l'on y jette, par petites parties, six cent douze grammes (une livre quatre onces) de râpure d'étain fin; on place la cucurbite sur un bain de sable, et l'on continue le feu jusqu'à ce que l'étain soit entièrement dissous. On décante cette dissolution, lorsque le précipité est bien formé, et l'on y ajoute un kilogramme et un quart (deux livres et démie) d'eau distillée. Ce liquide contient le sulfate d'étain; il faut le conserver dans des flacons de verre bien fermés avec des bouchons de cristal usés à l'émeri.

Rouge par la lac-lake, ou la lac-dye.

Cette substance, dont nous parlerons plus au long à la fin du §. IX de ce Chapitre, page 166, fournit une aussi belle couleur que la *cochenille*, mais il faut ajouter, à la préparation dont nous donnons le procédé dans cet article, une petite quantité d'un sel d'étain, l'*hydro-chlorate*, dont nous avons eu occasion de parler dans plusieurs articles de ce Manuel, et particulièrement au *Vocabulaire*.

Rouge végétal, ou *rouge de carthame*, *safranum*.

Le suc rose du safranum, carthame ou safran bâtard, prend le nom de *rose végétal*, et donne sur les soies et sur les cotons une très belle couleur rose.

Comme couleur d'impression sur la soie, cette couleur ne résiste pas à la vapeur de l'eau bouillante; elle se change en un très bel incarnat : si l'on y ajoute un peu d'*acide acétique* ou un peu d'alun, on obtient, par la vapeur, une très belle couleur de chair naturelle.

§. IV. *Du brun.*

On obtient de très belles couleurs brunes et diverses nuances, lorsqu'on mêle à la décoction concentrée de bois de Fernambouc, de l'alun de Rome, et du nitrate de cuivre en poudre. Plus on met de ce dernier sel, et plus la couleur devient foncée.

La proportion de l'alun avec la décoction de Fernambouc est ordinairement de cent vingt-deux grammes (quatre onces), par litre de liquide.

On épaissit la liqueur avec de la gomme, afin de la rendre propre à l'impression. Il faut observer cependant que toutes les couleurs pr

pres à l'impression de la soie ne doivent pas
avoir trop de consistance ; il ne faut leur en donner que la quantité nécessaire pour qu'elles ne
coulent pas et ne fassent pas de bavure lorsqu'on
es emploie. Plus les couleurs sont claires, et
plus les étoffes sont faciles à nettoyer par le lavage après le bain de vapeur, dont nous parlerons tout à l'heure.

§. V. *Du jaune.*

De tous les bois qu'on emploie en teinture
pour obtenir la couleur jaune, celle du nerprun
est depuis long-temps préférée. Il y en a de deux
espèces, l'une indigène, connue sous le nom de
graine d'Avignon ; l'autre exotique, qu'on trouve
dans le commerce sous le nom de graine de
Perse. Cette dernière est justement préférée, et
présente beaucoup plus d'avantages dans la préparation de la couleur jaune. Pour l'obtenir, on
procède de la manière suivante :

On fait cuire, à trois reprises différentes au
moins, deux kilogrammes de belles *graines de
Perse*, chaque fois dans une quantité d'eau suffisante, et l'on fait évaporer toutes ces décoctions
obtenues et réunies, jusqu'à ce qu'on l'ait réduite au quart du liquide employé. Il serait plus

avantageux et plus économique de préparer cett
décoction par la vapeur de l'eau bouillante
parce qu'alors on n'emploierait pas la quantit
d'eau qu'on aurait jugée indispensable pour ob
tenir par sa concentration la quantité dont on au
rait besoin, ce qui est beaucoup plus économi
que. Nous reviendrons plus tard sur ce procédé
que nous décrirons dans le §. XII de ce Cha
pitre, page 171.

N° 1. *Préparation de la couleur jaune foncé.*

Dans deux litres de la décoction concentré
de *graines de Perse*, on ajoute soixante-seiz
grammes (deux onces et demie) d'alun de Rom
et l'on épaissit le tout avec un demi-kilogramm
de gomme arabique ou du Sénégal.

N° 2. *Préparation de la couleur jaune moyen.*

Sur deux parties de jaune foncé, on ajoute un
partie d'eau de gomme.

N° 3. *Préparation de la couleur jaune clair.*

Parties égales de jaune foncé et d'eau d
gomme.

Pour obtenir un jaune vif et doré, on m
dans un litre de décoction jaune trente-un gran
mes (une once) de gomme adragante, et da

cette masse épaissie, à demi froide, on ajoute soixante-un grammes (deux onces) de muriate l'étain. Plus la masse sera chaude quand on y oindra le sel d'étain, plus la couleur dorée sera brillante. On obtiendra une nuance de cette couleur d'autant plus vive que l'on ajoutera une plus grande quantité de gomme adragante.

§. VI. *De l'aurore, de l'orange et de l'isabelle.*

Ces couleurs, qui, par leur nature, résultent du mélange du jaune et du rouge, seront plus brillantes si l'on mêle le rouge au jaune préparé par l'alun. La couleur rouge, indiquée dans la seconde méthode, préparée par l'alun et l'acétate de plomb, convient aussi mieux à ce mélange. Lorsque le rouge domine, la couleur est orange-foncé; si c'est le jaune, les nuances se dégradent depuis la couleur orange jusqu'à la couleur isabelle. Il est facile d'obtenir à son gré la nuance qu'on désire.

§. VII. *Du bleu.*

La couleur bleue se prépare tantôt avec le bleu de Prusse, tantôt avec le sulfate d'indigo, selon que l'on veut obtenir telle ou telle nuance. La couleur obtenue par le bleu de Prusse offre à

l'œil un bleu plus pur que celui que donne l[
sulfate d'indigo, qui a toujours une teinte d[
vert.

N° 1. *Préparation de la couleur bleue par le bleu de Prusse.*

On mêle un kilogramme de beau bleu de Pruss[
réduit en poudre très fine, avec un demi-kilogramme d'acide muriatique (hydro-chlorique);
et, après les avoir bien mélangés, on les laisse en
digestion pendant vingt-quatre heures. Pendant
ce temps, on prend deux litres et demi d'eau,
un demi-litre d'acétate de fer (*voyez* au *Vocabu-*
laire, TONNE AU NOIR); on y ajoute un quart de
kilogramme (huit onces) de bel amidon torréfié,
et l'on fait du tout une espèce de pâte qu'on met
sur le feu, en y ajoutant quatre-vingt-onze
grammes (trois onces) d'huile d'olive. Quand
elle est bien cuite, on la laisse refroidir entièrement, et on la mêle avec le bleu, en en formant une pâte bien homogène.

Par ce procédé, on obtient un bleu qui se distingue avantageusement par sa beauté et son intensité.

Pour avoir un bleu plus clair, on diminue
le bleu de Prusse et l'acide muriatique, et au[

lieu d'acétate de fer, on emploie de l'eau pure.

Le bleu de Prusse peut-être traité avec l'acide nitrique, et donne une couleur bleue, mais il a l'inconvénient de donner, sur la soie, une teinte verdâtre : cette teinte provient de ce que l'acide nitrique a la propriété de colorer la soie en jaune. Cette couleur mêlée avec le bleu de Prusse donne une nuance qui vire au vert.

N° 2. *Préparation de la couleur bleue par le sulfate d'indigo.*

Les essais pour obtenir une belle couleur bleue pour l'impression, par le sulfate d'indigo, m'ont occupé pendant long-temps, parce que la solution d'indigo préparée selon les procédés connus, et employée pour l'impression après l'avoir épaissie par les moyens ordinaires, a toujours présenté sur la soie une teinte verdâtre qui n'est point agréable. J'ai observé qu'en mêlant de l'oxide de fer au sulfate d'indigo, on diminue un peu cet inconvénient; c'est ce qui m'a décidé à publier ici mon procédé, qui, quoiqu'il ne résolve pas complétement le problème, diminue considérablement la teinte verte et donne à cette couleur une grande vivacité. Voici ce procédé :

Dans un kilogramme de sulfate d'indigo, j'ajoute un kilogramme et un quart (deux livres et demie) d'oxide de fer, et je laisse digérer le tout jusqu'à ce qu'une grande partie de l'oxide soit dissoute. Ce liquide est ensuite épaissi par un quart de kilogramme (huit onces) de gomme. On brasse bien ce mélange, et l'on en fait un tout homogène : c'est le bleu désiré.

On voit par la recette que vient de donner M. de Kurrer, que son principal but était de se débarrasser de l'acide sulfurique, en portant cet acide sur l'oxide de fer. Il conserve donc dans sa composition du sulfate de fer, et il n'a pas fait attention que l'acide sulfurique colore en jaune toutes les substances tinctoriales qu'il touche, et c'est cette coloration en jaune qu'éprouve la soie qui fait virer au vert la couleur de l'indigo. Nous avons exécuté son procédé, qui nous a donné les mêmes résultats qu'à lui ; mais nous nous sommes aperçu, après avoir enlevé la teinture de l'étoffe de soie, par le débouilli, que cet échantillon, qui était d'un blanc éclatant, lorsque nous l'avons soumis à la teinture du sulfate d'indigo de M. de Kurrer, était d'une nuance très sensiblement jaune que nous n'avons jamais pu enlever. Nous nous sommes cru

autorisé à en attribuer la nuance à l'action cor-
rosive de l'acide sulfurique.

Nous avons tenté quelques expériences pour
arriver à un meilleur résultat, et nous y avons
réussi par le procédé suivant, en adoptant les
mêmes doses de M. de Kurrer.

Nous avons mêlé peu à peu cent vingt-deux
grammes (quatre onces) de bel indigo-flore,
pulvérisé très fin et tamisé, avec un demi-kilogramme d'acide sulfurique concentré. Nous y
avons ajouté deux litres d'eau chaude, et nous
avons laissé reposer pendant vingt-quatre heures.

Nous avons jeté dans cette solution, par petites doses, et en remuant toujours, du carbo-
nate de chaux en poudre jusqu'à ce que l'effervescence eut cessé; nous en avons même mis en excès.
Nous avons formé par là du sulfate de chaux.
Sans attendre sa précipitation, nous nous sommes emparé de la couleur en traitant le tout par
l'alcool à trente-six degrés (Baumé), dont nous
avons ajouté deux litres en agitant continuellement. Nous avons filtré, et nous avons obtenu
une liqueur alcoolique d'un bleu extrêmement
foncé. Nous avons fait dissoudre dans quatre litres d'eau un demi-kilogramme d'acétate de plomb
que nous avons mêlé à la teinture alcoolique. Le

mélange opéré par le mouvement, nous avons laissé reposer pendant huit heures, nous n'avons pas eu besoin de filtrer. Nous l'avons mis dans un flacon bouché à l'émeri.

Nous avons teint d'un beau bleu un échantillon de lévantine d'un très beau blanc, et nous l'avons laissé en repos pendant huit jours. Nous l'avons débouilli ensuite, le blanc n'a pas été altéré.

Préparation du sulfate d'indigo.

On mêle peu à peu cent vingt-deux grammes (quatre onces) de bel indigo pulvérisé très fin et tamisé, avec un demi-kilogramme d'acide sulfurique concentré. On remue bien le tout ensemble, et l'on ajoute quatre litres d'eau chaude. Après qu'on a laissé reposer le tout pendant vingt-quatre heures, on fait dissoudre un demi-kilogramme d'acétate de plomb (*sel* ou *sucre de Saturne*) dans quatre litres d'eau : on mêle cette dissolution au sulfate d'indigo. On remue le tout avec soin, on le laisse reposer pendant six ou huit heures, et on le filtre à travers un feutre. Cette liqueur bleue est le sulfate d'indigo, que l'on conserve dans des bouteilles de verre bien bouchées.

§. VIII. *Du vert.*

On obtient une fort belle couleur verte, depuis la nuance la plus foncée jusqu'à la plus claire, en mêlant avec le sulfate d'indigo et en différentes proportions le jaune obtenu par les graines de Perse, traitées par l'alun. De cette manière on obtient avec la plus grande facilité toutes les nuances, depuis le vert de pré bien nourri, jusqu'au vert céladon le plus clair dont on peut avoir besoin pour l'impression, d'après les divers échantillons.

On obtient encore une couleur verte plus durable, et non moins belle, quand on emploie un jaune particulier que l'on prépare d'après le procédé suivant :

Dans un litre de décoction de graine de Perse, et deux litres et un quart d'eau, on fait dissoudre huit cent cinquante-sept grammes (une livre deux onces) d'alun, et l'on ajoute un kilogramme quatre cent sept grammes (deux livres quatorze onces) d'acétate de plomb (*sel de Saturne*). On remue plusieurs fois ce mélange, et on laisse le tout en digestion pendant vingt-quatre heures, après lesquelles on peut s'en servir pour préparer le jaune, ainsi qu'il suit :

On mêle avec soin deux litres et demi de décoction de graines de Perse avec un litre trois quarts de la préparation précédente. On épaissit avec de la gomme jusqu'à consistance de couleur à imprimer, et l'on y ajoute autant de sulfate d'indigo qu'il est nécessaire pour obtenir la nuance verte que l'on désire avoir.

Nous pensons qu'il serait superflu d'indiquer la proportion des quantités à mêler pour obtenir telle ou telle nuance verte dont on pourrait avoir besoin, parce que cela dépend de plusieurs causes que l'on ne peut prévoir, et que le tâtonnement seul peut obtenir plus facilement qu'en suivant certaines règles qui ne pourraient avoir aucune précision. L'habitude rendra maître en peu de temps.

§. IX. *Du violet et du lilas.*

Ces sortes de couleurs se forment par un mélange de bleu et de rouge ; elles se distinguent par la grande variété des nuances que l'on peut obtenir. Nous allons donner ici les principaux procédés par lesquels on obtient les plus beaux résultats.

PREMIER PROCÉDÉ. *Préparation d'une couleur violette tirant un peu sur le bleu.*

Épaississez un litre de décoction de Fernambouc avec trois cent soixante-sept grammes de gomme, ajoutez-y cent vingt-deux grammes (quatre onces) de nitrate d'alumine; l'on obtient une couleur violette, belle et vive, tirant un peu sur le bleu, que l'on nuance de la manière suivante:

1°. Une partie de couleur mêlée à une partie d'eau de gomme, donne une deuxième nuance;

2°. Une partie de couleur et trois parties d'eau de gomme, donnent une troisième nuance;

3°. Une partie de couleur mêlée à cinq parties d'eau de gomme, en donnent une quatrième.

Plus la couleur primitive est affaiblie par l'eau de gomme, et plus les nuances qui en dérivent paraissent claires, en conservant toujours une pointe de bleu.

DEUXIÈME PROCÉDÉ. *Préparation d'une couleur violette avec une pointe de bleu.*

On prépare une base avec un litre de décoction de bois de Fernambouc, et cent vingt-deux grammes (quatre onces) d'alun en poudre; on y ajoute quatre-vingt-onze grammes (trois onces) d'acétate de plomb (*sel de Saturne*); et, avec de l'eau de gomme, l'on épaissit, dans différentes proportions, la liqueur colorée. Par ce moyen, dont nous avons déjà donné plusieurs exemples, on se procure toutes les nuances possibles de cette belle couleur.

TROISIÈME PROCÉDÉ. *Préparation de la couleur lilas.*

On obtient les plus belles nuances de cette couleur par les procédés suivans : Dans un demi-litre de bois de Campêche, et un demi-litre de décoction de bois de Fernambouc, on dissout cent vingt-deux grammes (quatre onces) d'alun; on y ajoute quatre-vingt-onze grammes (trois onces) d'acétate de plomb. La liqueur colorée peut être employée au bout de vingt-quatre heures.

En mêlant de l'eau de gomme, en différentes proportions, avec cette base, on se procure un grand nombre de nuances de cette même couleur lilas.

Si l'on voulait avoir une teinte plus rouge on ajouterait dans la base une plus grande quantité de décoction de Fernambouc; si, au contraire, on désirait y voir dominer le violet on augmenterait la dose de décoction de bois de Campêche.

On obtient aussi une couleur lilas très brilnte, lorsqu'on développe davantage la couur de la décoction du bois de Campêche et lle du bois de Fernambouc, épaissies par l'eau à gomme, au moyen du nitrate d'alumine.

On se procure aussi des couleurs violettes et as très belles et très billantes, par les procés suivans :

1°. On épaissit un litre de décoction de Camêche avec quarante-cinq grammes (une once t demie) de gomme adragante, et après l'enier refroidissement, on ajoute quatre-vingt-nze grammes (trois onces) de nitrate neutre l'étain. Cette composition donne une couleur violette ; mais si l'on prend deux parties de bois le Campêche, et une de bois de Fernambouc, et qu'on opère comme nous venons de le dire, on aura un très beau lilas.

2°. En ajoutant de l'alun aux procédés qu'on vient de lire, on obtient des couleurs beaucoup plus développées.

Les essais suivans ont aussi très bien réussi :

1°. La décoction de bois de Campêche avec le nitrate d'étain donne une jolie couleur jouant le lilas ;

2°. La décoction de bois de Campêche avec

l'acétate d'étain, produit un très beau lila

3°. La décoction de bois de Campêche av
de l'alun donne une couleur violette jouant
bleu;

4°. La décoction de bois de Campêche av
l'acétate d'alumine produit un violet clair joua
le bleu.

Quand on emploie le sulfate et le nitrate d'
tain, dans ces trois dernières recettes, les cou
leurs ne sont ni vives ni belles.

Il ne faut pas perdre de vue que la décoctic
de bois de Campêche, qu'on emploie pour ol
tenir le violet et le lilas, doit être faite, comn
nous l'avons dit précédemment, avec un dem
kilogramme de bois en copeaux ou en pou
sière et une suffisante quantité d'eau, et lorsqu
le bois a donné sa couleur, on décante, on re
met de nouvelle eau, et l'on continue de mên
jusqu'à ce que la couleur soit épuisée. Apr
plusieurs ébullitions ainsi réitérées, on réun
toutes les liqueurs, et l'on fait évaporer jusqu
réduction d'un litre.

Emploi de la lac-lake *et de la* lac-dye.

Depuis une douzaine d'années, on trouve dan
le commerce, sous le nom de *cochenille prépa*

e, une substance en petits pains rouges, qui
est autre chose que la *lac-lake*, ou la *lac-dye*,
qui peuvent être employées, sans autre prépa-
tion, à l'impression de la soie, comme elles
rvent dans la teinture des étoffes de laine. Ces
bstances offrent à nos fabriques un excellent
oyen de produire à peu de frais de très belles
uleurs lilas-rouge. Nous avons indiqué (page
1) les modifications qu'on doit leur faire subir
ur obtenir un rouge pur.

Pour obtenir des couleurs *lilas-rouge*, il faut
re dissoudre, dans un demi-litre d'eau, soixante-
gramme (deux onces) de *lac-lake* en poudre et
aissir la couleur avec de la gomme. Plus on
utera de gomme, et plus la couleur deviendra
ire : pour la rendre plus foncée, on mettra une
us grande quantité de *lac-lake* ou de *lac-dye*.

§. X. *De la couleur olive.*

En général, pour obtenir la couleur olive, il
t mêler du nitrate de fer au jaune préparé
ec l'alun. En variant les doses, on varie les
ances, depuis la plus foncée jusqu'à la plus
ire.

Nº 1. *Première couleur : olive foncé.*

J'obtiens la plus belle nuance d'olive bien

nourrie, pour les couleurs d'application sur
soie, par le mélange suivant :

On épaissit un litre de décoction de graines
Perse avec cinquante-trois grammes (une on
six gros) de gomme adragante : pendant que
mélange est encore chaud, on ajoute quin
grammes (demi-once) de sulfate de fer ; on lais
refroidir entièrement la couleur, après quoi l'
ajoute huit grammes (deux gros) de dissolutio
de nitrate de fer. Ce procédé donne une coule
d'olive nourrie et foncée.

N° 2. *Deuxième couleur : olive moyen.*

Une partie de la première couleur, une par
d'eau de gomme adragante, en consistance
couleur d'impression.

N° 3. *Troisième couleur : olive clair.*

Une partie de la première couleur, olive fonc
et deux parties d'eau de gomme adragante.

N° 4. *Quatrième couleur : olive très clair.*

Une partie de la première couleur, olive fonc
et trois parties d'eau de gomme adragante.

On obtiendra aussi des nuances olive à v
lonté, en ajoutant à la composition déjà prép

réc pour le jaune, plus ou moins de dissolution de fer.

§. XI. *Observations générales.*

M. de Kurrer ajoute, à tout ce qui précède, les observations générales qui suivent :

1°. Il est important, dans l'impression des étoffes de soie, de n'employer que des couleurs très propres. Pour cela, il est nécessaire, avant de s'en servir, de les passer à travers une étamine de laine, en les exprimant par l'action d'une presse ; par ce moyen, toutes les impuretés qui peuvent résulter de l'épaississement des couleurs disparaissent, et les couleurs sont plus vives et plus brillantes.

2°. La gomme adragante est celle qui convient le mieux pour épaissir les couleurs dans lesquelles il entre de l'étain ou une base métallique dissoute par un acide libre. La gomme arabique convient parfaitement pour les couleurs qui contiennent l'alumine dissoute par l'acide sulfurique ou par l'acide acétique.

3°. Il est bon de remarquer que la beauté des couleurs dont nous avons donné les procédés, dépend beaucoup de la nature des étoffes de soie sur lesquelles elles sont appliquées. Le velours occupe la première place; c'est sur cette étoffe que les couleurs paraissent le plus brillantes; après le velours viennent la lévantine et le tricot; le taffetas uni et sec occupe le dernier rang. La réflexion de la lumière est la cause de cette différence.

Observations particulières.

A la suite des observations de M. de Kurrer, nous croyons, dans l'intérêt de l'art de la teinture en général, et dans celui de l'impression des étoffes, dont nous nous occupons spécialement ici, devoir consigner quelques observations dont mille essais nous ont démontré l'importance.

Lorsque, dans la composition des couleurs, on est obligé d'employer une dissolution de fer, on doit, autant qu'il est possible, rejeter celle qui est produite par l'acide sulfurique. Cet acide, en quelque petite quantité qu'il se trouve dans le composé qu'on emploie, et quelque délayé ou étendu qu'il soit, dans le moment de son emploi, ne s'évapore point pendant la dessiccation de l'étoffe; au contraire, il se concentre de plus en plus par l'évaporation du liquide dans lequel il a été étendu, et lorsqu'il a acquis une concentration suffisante, il ronge et détériore les étoffes qui ont besoin d'un repos plus ou moins long avant d'être livrées au lavage : c'est pendant ce repos que la concentration de l'acide a lieu, et par suite la détérioration, qui se porte souvent aussi sur les couleurs; nous pourrions en citer de nombreux exemples.

On doit préférer l'emploi des dissolutions de fer par l'acide citrique ou par l'acide acétique, et par conséquent se servir des citrates, ou des acétates, ou pyrolignates de fer : les couleurs dans lesquelles ces substances entreront en seront plus belles, plus durables, et les étoffes ne seront nullement altérées.

Ce que nous disons des dissolutions de fer peut être appliqué à la dissolution de toute autre substance : il est prudent, en teinture, et dans l'impression des étoffes surtout, d'éloigner des compositions, autant que cela est possible, l'emploi de l'acide sulfurique.

§. XII. *Procédés pour extraire les couleurs végétales par la vapeur.*

Nous avons, dans tout le cours de ce Manuel, conseillé l'emploi de la vapeur de l'eau bouillante, plutôt que de faire bouillir les substances dans des chaudières exposées sur le feu immédiat des fourneaux sur lesquels elles sont placées ; l'expérience que les bons manufacturiers ont faite de ce procédé leur a prouvé qu'il en résulte une grande économie, beaucoup de célérité dans les opérations, plus de facilité dans les manipulations, plus de perfection dans les produits.

Les mêmes avantages se rencontrent dans l'emploi de la vapeur pour l'extraction des parties colorantes renfermées dans différentes parties des végétaux qu'on ne peut obtenir que par la chaleur : les procédés sont faciles à exécuter. Un cuvier en bois, doublé en plomb, couvert d'un couvercle en bois pareillement doublé en plomb, et qui ferme hermétiquement à l'aide de quelques clefs en fer qui appuient fortement sur ce couvercle, suffisent pour former cet appareil. Voici comment doit être construit ce couvercle avec ses accessoires :

Nous supposons le cuvier rond : on fixe à demeure, sur l'un des bords du contour du cuvier, un *secteur du cercle* que forme le couvercle, de 8 centimètres (environ 3 pouces) de flèche; il est doublé en plomb et a, comme le couvercle, 40 millimètres (18 lignes) d'épaisseur. On doit pratiquer dans son épaisseur, du côté de la corde du *secteur*, une rainure dans laquelle on fait entrer le côté du couvercle qui s'ajuste avec lui. On perce un trou au milieu du secteur, dans lequel on ajuste un petit tuyau de plomb d'environ quatorze millimèt. (six lig.) de diamètre, qui descend jusqu'à sept millimèt. (trois lig. environ) du fond ; ce tuyau est bien soudé avec la doublure en plomb, et s'élève au-dessus du secteur de quelques centimètres, et porte à cette extrémité un *ajutage à vis*, par lequel il s'ajuste avec un tuyau qui porte la vapeur de la chaudière qui la fournit.

On met dans le cuvier le bois en copeaux ou en poudre dont on veut extraire la couleur; on y verse assez d'eau froide pour couvrir le fond jusqu'à une hauteur de 14 millimètres (6 lignes), afin que l'orifice du tuyau de plomb y plonge. On place le couvercle, après avoir mis deux ou ou trois épaisseurs de linge mouillé sur tout le bord du cuvier, afin qu'il ne se présente, dans cette fermeture, aucun vide par lequel la vapeur puisse s'échapper. On assujettit le couvercle en tournant toutes les clefs en fer. Nous ne devons pas oublier de faire observer que le couvercle doit porter une soupape de sûreté qui s'ouvre du dedans au dehors, afin de prévenir tout accident.

Tout étant ainsi disposé, on introduit la vapeur, qui, en se condensant, fournit toute l'eau nécessaire pour la décoction et l'extraction de la couleur, qui se trouve suffisamment concentrée, et dispense de l'emploi de beaucoup de combustible qu'on serait obligé d'employer pour la concentrer après les décoctions à grande eau, comme l'a indiqué M. de Kurrer. On voit que, par ce procédé, généralement employé aujourd'hui dans les bonnes manufactures, on économise beaucoup de combustible et beaucoup de temps.

CHAPITRE II.

MANIÈRE DE TRAITER LES ÉTOFFES DE SOIE APRÈS L'IMPRESSION.

APRÈS qu'on a imprimé une couleur à l'aide de la planche, de la même manière qu'on le fait pour les étoffes de coton, il faut laisser sécher parfaitement cette couleur dans une chambre suffisamment chaude, avant d'y en placer une seconde, afin que cette nouvelle couleur que l'on appliquera sur la première ne se mêle pas avec elle.

En suivant cette marche, lorsque toutes les couleurs nécessaires pour le complément du dessin sont appliquées sur l'étoffe, on la laisse suspendue dans le séchoir, où l'on entretient une chaleur convenable, si cela est nécessaire, afin que la couleur puisse s'unir intimement au tissu : on passe ensuite cette étoffe à la vapeur, comme on va le voir.

§. I. *Consolidation des couleurs locales* ou *d'application par la vapeur de l'eau bouillante.*

Une des découvertes les plus importantes qui aient été faites, dans ces derniers temps, par nos manufactures d'impression des étoffes, c'est l'effet de la vapeur de l'eau bouillante sur les couleurs locales ou appliquées par le moyen de la planche à imprimer, qui donne à ces couleurs une solidité et une vivacité qu'elles n'avaient pas encore pu obtenir. C'est seulement de l'instant de cette précieuse découverte, que le bel art d'imprimer des couleurs locales sur la soie, sur le coton, sur la laine, peut compter sa véritable existence, puisque cet art ne peut être fondé que sur la solidité et la vivacité de ces couleurs, et que la vapeur de l'eau bouillante leur donne ces qualités.

La première épreuve de l'effet de la vapeur de l'eau bouillante sur les couleurs locales fut faite sur une étoffe de laine imprimée ; les résultats surpassèrent de beaucoup ce qu'on en attendait, et, peu de temps après, l'industrie en tira de très grands avantages. En France et en Allemagne on confectionna presque en même temps de brillantes impressions sur des schalls de laine, sur des robes de femmes et sur d'autres objets de luxe.

Ces premiers succès firent présumer qu'on pourrait également fixer par le même procédé sur la soie et sur le coton, les couleurs locales o d'application, et les divers essais qu'on en fi réussirent parfaitement.

Ce qu'il y a de très remarquable dans cette découverte, c'est que les couleurs d'application qui, après l'impression, sont si facilement enlevées par le lavage à l'eau pure, se trouvent consolidées à un haut degré de perfection par la vapeur de l'eau bouillante, non seulement sur la laine et la soie, mais aussi sur le coton et sur le lin.

Pour opérer avec célérité et économie, et par conséquent avec avantage, on a imaginé, en Allemagne, des appareils à vapeur, qui ne sont ce-

)endant pas d'une nécessité indispensable, et j'ai)arfaitement réussi en me servant d'une cuve or-linaire, que j'ai disposée comme je vais l'in-iquer.

A deux pouces au-dessous du bord supérieur le la cuve, j'ai placé une forte traverse en bois, qui peut en être considérée comme le diamètre. Au milieu de sa longueur, et par conséquent au centre de la cuve, j'ai fixé un fort crochet pour y suspendre la pièce d'étoffe montée sur un mou-linet, ainsi que je vais l'indiquer. Un robinet, placé au bas de la cuve, sert à faire évacuer l'eau condensée provenant des vapeurs refroidies ; un tuyau, qui porte la vapeur de la chaudière, est fixé à la cuve à vapeur, qui est fermée herméti-quement par un couvercle en bois solidement ajusté : ce couvercle porte une soupape de sûreté que l'on charge plus ou moins à volonté, pour donner plus ou moins de tension à la vapeur.

Le *moulinet* (1), dont nous avons parlé, est un nstrument dont les teinturiers en coton se ser-

(1) Cet instrument, que M. de Kurrer désigne ici ous le nom de *moulinet*, est appelé *cadre* dans les ma-ufactures françaises. On en verra la description avec igures dans le *Vocabulaire*, au mot CADRE.

vent pour teindre les pièces de toile de coto
tendues de manière à ce qu'elles ne fassent aucu
pli et que leurs surfaces ne se touchent pas entr
elles. On forme, en bois, deux châssis carrés
dont le côté intérieur est un peu plus large qu
la pièce d'étoffe de la plus grande largeur. Ce
cadres sont remplis intérieurement d'une multi
tude de petits liteaux de 6 lignes d'épaisseur
bien polis et arrondis dans la partie supérieure
ces liteaux sont placés sur le cadre à une distanc
de 8 lignes l'un de l'autre. Les deux châssis son
tenus, à une distance de 80 centimètres (enviro
30 pouces) l'un de l'autre, par quatre montan
assemblés dans les angles. L'on fixe la pièce, pa
un de ses bouts, à un liteau; on la passe sur l
liteau supérieur, ensuite sur le liteau inférieur
et ainsi de suite. Par ce moyen, la pièce tien
peu d'espace, les surfaces ne se touchent pas, e
on l'étend le mieux qu'il est possible. On fixe l
dernier bout de la pièce par des ficelles au der
nier liteau (*voyez* les deux *fig.* 11). Cette espèc
de cage est suspendue par quatre cordes atta
chées aux quatre angles, et se réunissent au mi
lieu du carré supérieur par une boucle que l'o
suspend au crochet dont nous avons parlé ci
dessus. (*Voyez* au *Vocabulaire*, au mot *Cadre*.)

Tout étant ainsi disposé, et la pièce bien sèche lacée sur le *cadre*, on met ce *cadre* dans un sac 'étamine, que l'on ferme par-dessus par une oulisse, et on le suspend ainsi au crochet. Avant l'introduire le cadre, on ouvre le robinet infé- ieur pour faire évacuer toute l'eau qui pourrait tre dans la cuve, et on laisse le robinet ouvert usqu'à ce que l'opération soit en train, afin que 'eau de condensation puisse s'évacuer au fur et mesure qu'elle se forme. Il est bon d'observer u'il faut porter la plus grande attention à ce ue le bas du sac ne trempe pas dans l'eau, dans e cas où il en resterait dans la cuve ; car si cela rrivait, les étoffes se mouilleraient, et alors les ouleurs couleraient et se confondraient, ce qui 'arriverait pas par la vapeur seule. Il est pru- lent de prendre une cuve assez haute pour qu'il este au-dessus du sac un espace vide d'environ 2 centimètres, et de placer au bas un robinet siphon, dont la courbure supérieure de la clef 'élève à 6 centimètres au-dessus du corps du ro- binet; par ce moyen, l'eau s'écoule en entier lors- u'elle est arrivée à la hauteur de la courbure. *Voyez* au *Vocabulaire*, *Robinet à siphon*, fig. 13.)

Lorsque toutes ces précautions sont prises, t que le *cadre* est placé, on pose le cou-

vercle qu'on charge avec quelques poids, et l'on
introduit la vapeur. Au bout de quelques minutes on ferme le robinet d'évacuation et l'on
entretient la vapeur pendant vingt à trente minutes ; ce temps est suffisant pour consolider parfaitement les couleurs, surtout si la tension de
la vapeur est constamment, pendant ce temps
à 80 degrés de Réaumur ou 100 degrés centigrades, ce dont on peut toujours s'assurer en plaçant sur le couvercle un bon thermomètre dont
la boule plonge dans la cuve.

Lorsqu'on n'a que de petites pièces, un cou-
pon d'étoffe, un schall, etc., à exposer à la vapeur, on ploie en deux ces objets imprimés. On
a un cadre qui porte de petits liteaux, on place
ces pièces à cheval par-dessus, et l'on enferme ce
cadre dans un sac d'étamine, au fond duquel est
un cadre semblable qui tient le bas du sac écarté
afin qu'il ne touche pas la moindre petite pièce
on ferme ce sac et on le suspend, comme le premier, au crochet.

Il est bon de remarquer que les objets imprimés doivent rester plus ou moins long-temps
dans la cuve, suivant la température de la vapeur, et suivant qu'elle a plus ou moins de force
ou de tension. J'ai toujours remarqué, ajout-

M. de Kurrer, que lorsque la température est constamment à 100 degrés centigrades, trente minutes suffisent : mais il ne faut commencer à compter les trente minutes que du moment où la température est montée à 100 degrés centigrades, ou 80 degrés de Réaumur. On ferme le robinet d'évacuation lorsque le thermomètre marque 70 degrés centigrades, ou 56 de Réaumur ; on le laisse toujours ouvert lorsqu'on se sert du robinet à siphon.

§. II. *Comment on doit traiter les marchandises après le bain de vapeur.*

Lorsque les étoffes ont été assez long-temps soumises à la vapeur, et que cette opération est terminée, on ferme le robinet qui amène la vapeur, et l'on ouvre celui qui sert à évacuer l'eau de condensation ; on ôte le couvercle de la cuve à vapeur et on laisse refroidir. Alors on enlève les marchandises, et on les lave lorsqu'elles sont entièrement refroidies. Le lavage se fait beaucoup mieux dans une eau courante que dans un bassin. Il faut continuer de laver jusqu'à ce que les substances que l'on a employées pour épaissir les couleurs soient entièrement enlevées, et que

16

la couleur se montre pure et brillante sur le tissu; on fait sécher les étoffes en les plaçant à l'étendoir, et on les livre ensuite aux apprêteurs, qui les disposent pour la vente.

FIN DU MANUEL DE L'IMPRIMEUR SUR ÉTOFFES.

MANUEL

DU FABRICANT

DE PAPIERS PEINTS.

INTRODUCTION.

Depuis que l'économie a enseigné à substituer des papiers peints aux étoffes de soie, de laine, de crin ou de coton, pour tapisser les appartemens, ce genre d'industrie s'est perfectionné en France avec beaucoup de rapidité, et il est étonnant que cet art n'eût jamais été décrit avant nous : est-ce parce qu'on lui avait trouvé quelque analogie avec l'art de l'impression des toiles peintes qu'on avait négligé cette description ? Nous ne pouvons le penser. La fabrication du papier peint ne se rapproche de celle des toiles peintes que par un seul point, et toutes les autres manipulations sont absolument différentes. Nous croyons que la véritable raison de cette lacune, dans la description des arts, est due au secret que les artistes ont constamment gardé sur leurs procédés, et à la difficulté qu'ont éprouvée ceux qui auraient pu les décrire, pour pénétrer dans les ateliers.

Plus heureux que tous ceux qui nous ont précédé, nous devons à un des meilleurs fabricans de la Capitale les détails les plus circonstanciés sur un art qu'il exerçait avec tant de perfection. Feu M. *Dufour*, à Paris, rue de Beauveau, n°. 10, au faubourg Saint-Antoine, que je me glorifie d'avoir eu pour ami, jusqu'à la fin de ses jours, a légué l'affection qu'il me portait à son gendre, M. Leroy, en lui donnant sa fille unique en mariage. Je voudrais que le sujet me permît de jeter quelques fleurs sur la tombe de cet excellent ami, et de tracer ici le tableau de ses vertus, qui sont si bien partagées par sa veuve, sa fille et son gendre : mais revenons à mon sujet.

Feu M. Dufour, avec cette bonté et cette amabilité qui le caractérisaient, nous ouvrit tous ses ateliers, nous montra toutes les manipulations nous initia dans tous ses secrets; il nous permit de prendre toutes les notes qui nous étaient nécessaires, et nous mit à même de décrire cet art important dans tous ses détails. Cet excellent manufacturier était convaincu, tout comme nous, que, dans les arts, c'est une sottise que de gar der des secrets qui nuisent au perfectionnement de l'industrie ; il n'ignorait pas que, dans ce cas, *plus l'on donne, plus l'on acquiert.*

Cette vérité, dont M. Leroy, son gendre et son successeur, est aussi parfaitement convaincu, nous a fait trouver dans ce précieux ami les mêmes secours pour mettre la description de cet art au niveau des perfectionnemens auxquels il est parvenu. C'est le résultat des divers entretiens que nous avons eus avec lui, et qu'il a confirmés par les manipulations qu'il a fait opérer devant nous, que nous allons soumettre à nos lecteurs.

L'art de fabriquer les papiers à tenture nous est venu de la Chine, où, de temps immémorial, ce peuple industrieux peint, sur du papier fin, des dessins imitant les toiles peintes. Ce fut en Angleterre que les premiers échantillons de cette espèce furent importés ; nous en eûmes bientôt en France, et nos artistes cherchèrent à les imiter. Pour y parvenir, on tendait parfaitement le papier, et, à l'aide de cartons percés et découpés, selon le dessin qu'on voulait former, on appliquait, sur un fond uni dont le papier était peint, une couleur qui faisait la base de la fleur ou du branchage : avec un autre patron, semblablement découpé, on portait sur cette pre-

mière couleur une nuance plus foncée ou une
couleur différente, telle que l'indiquait le tableau
que l'on voulait imiter; et, à force de répéter ces
opérations, on parvenait, avec un peu d'a-
dresse, à obtenir une copie assez satisfaisante du
dessin proposé.

Ce travail était long, pénible, dispendieux, e
ne remplissait pas entièrement le but qu'on voulait atteindre. Les manipulations employées dans
la fabrication des toiles peintes furent appliquées
avec succès à ce nouvel art : on substitua aux
patrons en carton des planches de poirier gravées en relief, et le succès fut complet.

En 1760, cet art était presque inconnu en
France; mais vingt années après il avait fait des
progrès étonnans. Les nombreuses manufactures
qui se sont beaucoup multipliées depuis, suffisen
à peine aux besoins d'une mode constante e
soutenue, parce que ce genre d'ameublement es
extrêmement économique. L'industrie français
est parvenue à rendre sur le papier, non seulement toutes sortes de ramages, de verdures, d
paysages, mais même jusqu'à des marines et de
tableaux d'histoire. Les couleurs les plus bril
lantes, les nuances les plus délicates, les dessin
les plus agréables et les plus variés, l'adresse e

le goût des artistes, l'imitation parfaite de la nature, l'assortiment convenable suivant la destination des pièces d'un appartement et l'économie de la dépense, tout se trouve aujourd'hui dans ce genre de fabrication.

Il ne fallait rien moins que cela pour faire préférer du papier à de riches et de solides étoffes, mais d'une monotonie ennuyeuse, et à des tapisseries ou trop belles, mais d'un prix excessif, ou d'une exécution moins parfaite, mais d'un ton de couleur sombre et triste.

Nous diviserons ce Manuel en deux parties. Dans la première, nous nous occuperons spécialement de la fabrication des *papiers à tenture* ou *de tapisserie*.

Nous distinguerons deux espèces de papiers à tenture : 1°. ceux qui sont simplement peints ; 2°. ceux dont les dessins sont formés par des matières particulières appliquées sur le papier. Nous désignerons les premiers sous le nom de *papier à figures et fleurs brillantes*, ou simplement *papier peint*, et les seconds sous le nom de *papier tontisse*. Nous traiterons de chacune de ces espèces en particulier ; mais avant, nous décrirons les opérations générales communes à ces deux sortes de fabrication.

La seconde partie de ce Manuel sera consacrée à la description des procédés qu'on emploie pour porter sur une des deux faces du papier, soit une seule couleur, soit des couleurs variées, soit des dorures. On les trouve dans le commerce, soit en rames, soit en mains, et ces papiers sont abondamment employés dans plusieurs arts industriels, tels que le *relieur*, le *cartonnier*, etc.

PREMIÈRE PARTIE.

CHAPITRE PREMIER.

DES OPÉRATIONS GÉNÉRALES DE FABRICATION.

Les diverses opérations pour la fabrication du papier à tenture sont nombreuses; nous allons les décrire successivement et dans l'ordre qu'on suit dans les manipulations.

§. I. *Du choix du papier.*

A proprement parler, toute sorte de papier est propre à l'impression, pourvu qu'il soit collé; cependant, plus le sujet qu'il doit porter est précieux, et plus le papier que l'on emploie doit être beau. Il serait à désirer que les papiers peints, de tentures et de décoration, fussent fabriqués avec des pâtes non pourries; les couleurs qu'on imprime sur ces papiers auraient plus de solidité et d'éclat; d'ailleurs ils prendraient un lissage plus vif: d'un autre côté, l'étoffe faite avec ces pâtes serait plus en état de résister à toutes les opérations de la peinture. Il serait même convenable que ces papiers fussent bien feutrés et adoucis par l'*échange*, pour prendre plus exactement les contours des dessins : cette circonstance, ajoutée à toutes les améliorations qu'a reçue cette industrie en France, y porterait le dernier degré de perfection.

§. II. *Rognage du papier.*

Il est important que le papier soit rogné bien carrément, afin que le collage, qui doit suivre immédiatement cette opération, puisse se faire avec régularité, et que le rouleau qui résulte de l'assemblage de plusieurs feuilles présente dans ses deux lisières deux lignes sensiblement droites et parallèles.

L'instrument dont on se sert est la presse et le couteau du relieur. L'ouvrier prend deux rames de papier (mille feuilles), parfaitement étendue sur une planche plus grande que la feuille ; il recouvre le papier d'une planche semblable de la grandeur de la feuille, moins les rognures qu'il s'agit d'enlever et qui sont aussi étroites qu'il est possible, afin de perdre le moins de papier qu'on sé peut. Cette planche est construite avec beaucoup de soin pour que les angles soient droits, c'est-à-dire, en terme d'atelier, que les quatre ngles soient à l'équerre. On place le tout entre les jumelles de la presse, de manière que la planche de devant soit à fleur de ces mêmes jumelles, et l'on serre fortement la vis; alors on enlève avec le couteau à rogner tout l'excédant du papier. On desserre les vis, seulement au point suffisant pour qu'on puisse tourner sur une autre face tout le paquet à la fois sans déranger e papier; l'on rogne sur cette face, après avoir bien serré les vis, et l'on continue de même jusqu'à ce qu'on ait rogné sur les quatre faces : alors l'ouvrier livre ce papier à la colleuse.

§. III. *Collage du papier.*

Chaque rouleau de tapisserie est généralement composé de vingt-quatre feuilles de papier que l'on colle bout à bout par le côté le plus large, et ce rouleau forme une pièce. L'opération du collage est extrêmement curieuse, à cause de son exactitude et de la facilité avec laquelle elle s'opère.

La colleuse, qui est ordinairement une petite fille, porte son papier à plat sur le bout d'une table qui est beaucoup plus longue que la pièce; elle prend douze feuilles qu'elle échelonne, c'est-à-dire que d'un coup de main, et à l'aide d'un petit morceau de buis plat et arrondi sur un côté, elle place en escalier ces douze feuilles l'une sur l'autre, de manière que chacune dépasse celle qui est au-dessous d'un demi-pouce environ. Elle pose une pierre assez lourde sur ces douze feuilles, qui sont placées à sa gauche; sur sa droite, elle échelonne douze feuilles de la même manière; mais elle ne les échelonne qu'à deux lignes l'une de l'autre.

Cette manipulation se fait avec beaucoup de facilité. Elle pose à plat, sur la table, un paquet de feuilles de papier bien égales entre elles, c'est-à-dire que l'une ne dépasse pas l'autre; avec le morceau de bois plat elle les pousse légèrement, les feuilles glissent parallèlement entre elles; et, par un simple tour de main, elles se trouvent à la distance désirée. Avec une grosse brosse, de cent huit à cent trente-cinq millimètres (quatre à cinq pouces) de diamètre, elle passe de la colle de farine sur la partie échelonnée des douze feuilles qu'elle a vers sa droite; ensuite elle les pose l'une après l'autre sur celles qui sont à sa gauche et qui sont échelonnées à six lignes de distance, en observant de ne pas couvrir plus d'un côté que de l'autre, afin que les bords de la pièce soient constamment sur une même ligne droite

Elle se dirige par le bord de la table, qui est parfaitement droit. Cette opération se fait, pour ainsi dire, sans y regarder, si les feuilles ont été bien échelonnées.

Les premières douze feuilles collées, elle pose dessus une planche épaisse qu'elle recouvre d'une pierre lourde, afin de donner à la colle le temps de prendre. Les secondes douze feuilles se trouvent naturellement échelonnées, et elle continue à coller de même, jusqu'à ce qu'elle ait placé bout à bout vingt-quatre feuilles; ce qui constitue la pièce ou le rouleau.

§. IV. *Poser les fonds*

Les couleurs qu'on emploie pour les fonds sont ou terreuses ou liquides; nous en ferons connaître plus bas la composition. Les couleurs terreuses sont celles qui sont faites avec des terres telles que les ocres, ou avec des oxides tels que le blanc de plomb, le minium, la céruse, etc., que l'on réduit en poudre impalpable en les broyant avec de l'eau, et que l'on mêle ensuite avec de la colle, de la même manière que le pratiquent les peintres en bâtimens pour l'intérieur des appartemens. Les couleurs liquides sont, à proprement parler, des teintures qui sont extraites des racines ou des bois colorans, par une plus ou moins longue ébullition, ou mieux par la vapeur, comme nous l'avons indiqué, page 171.

Le papier n'a absolument besoin d'aucune préparation préalable pour recevoir les couleurs terreuses, qui sont toujours imprégnées d'une quantité suffisante de colle; mais il n'en est pas de même des couleurs liquides. Dans tous les cas, lorsqu'on veut préparer le papier pour recevoir la couleur, on opère de la manière suivante :

On prend une décoction de colle de Flandre bien liquide, on la fait tiédir. On se sert de brosses rondes, à longs poils; l'ouvrier passe la main sous un cuir qui est fixé, par ses deux bouts, à sa partie supérieure, et, tenant une brosse de chaque main, il passe rapidement sur toute la surface du papier. Pendant ce temps, un ou deux enfans, qui lui servent d'aides, passent après lui, sur la même surface, de grandes brosses longues, semblables à celles qui servent à balayer les appartemens. Ils tiennent ces brosses à la main et les passent légèrement sur les places sur lesquelles l'ouvrier vient de passer la colle, et dans la vue de l'étendre bien uniformément. Un ouvrier, intelligent et diligent, peut ainsi coller trois cents pièces par jour, pourvu qu'il soit bien secondé par un ou deux aides. Cette manipulation s'exécute sur de très longues tables, sur lesquelles les pièces puissent être étendues de toute leur longueur.

La même opération a lieu pour poser le fond, qui n'est autre chose qu'une couleur quelconque, préparée avec la colle. Elle s'exécute de la même manière.

La pièce collée est de suite placée sur des perches pour qu'elle puisse sécher facilement. Lorsqu'elle est parfaitement sèche on pose le fond, et on la fait sécher de même avant de la livrer à une autre opération.

Il est important, avant d'aller plus loin, de décrire l'opération de l'étendage, parce qu'elle revient souvent, qu'elle se répète toujours de la même manière, et qu'il nous suffira de renvoyer à ce paragraphe.

§. V. *De l'étendage.*

L'étendoir est formé de deux forts liteaux en bois qui règnent tout le long de l'atelier; il est placé au milieu de la largeur de la pièce, dont il occupe environ le tiers par sa largeur; et sa longueur est celle de la longueur de l'atelier. Le tiers du côté des croisées est occupé par les tables ou établis des ouvriers; l'autre tiers sert à placer sur des étagères les planches et les outils dont ils ont besoin, et à déposer les pièces à travailler, et le travail fait, en attendant qu'on les transporte dans un autre atelier, ou au magasin lorsqu'elles sont terminées.

Les étagères sur lesquelles sont placés les planches et les outils sont isolées des murs; elles facilitent, par cet isolement, les moyens de circuler tout autour, afin de pouvoir choisir sans peine les objets dont on a besoin, et qui s'y trouvent classés avec ordre. Cet isolement procure encore l'avantage de garantir les pièces, qui sèchent sur l'étendoir, des avaries qu'on pourrait leur causer en circulant auprès d'elles. Le passage pour aller et venir est ménagé entre le mur et les étagères isolées; on entre dans l'intérieur par des coupures pratiquées dans les bâtis qui supportent les étagères. Tous les ateliers sont disposés de la même manière, et il y a un étendoir dans chaque atelier.

Les liteaux, qui forment l'étendoir, sont supportés par des consoles en bois fixées au plafond. Ces liteaux sont éloignés d'une décimètre environ du plafond, et sont placés parallèlement l'un à l'autre à une distance de quatre cent quatre-vingt-sept à cinq cent quarante-un millimètres (dix-huit à vingt pouces), un peu plus grande que la largeur du papier qui forme le rouleau. Ainsi, selon la largeur de l'espace conservé à l'étendoir, on a six, huit, dix rangées de liteaux qui forment ensemble un étendoir d'une très grande étendue.

L'on a, dans chaque atelier, une grande quantité de petites baguettes rondes, d'un bois léger, bien droites, et plus longues que la distance à laquelle sont placés les deux liteaux, six cent cinquante millimètres (vingt-quatre pouces) par exemple. On a de plus, pour chaque ouvrier, une longue règle, en forme de T par un bout. La traverse supérieure de cette règle a environ deux cent soixante-dix millimètres (dix pouces) de long ; elle porte dans toute sa longueur une rigole ou rainure dans laquelle entrent librement les petites baguettes. Cette règle est assez longue pour qu'un enfant puisse, sans peine, élever les petites baguettes au-dessus des liteaux de l'étendoir. On nomme cette règle *ferlet*.

Les planchers des ateliers ne sont pas assez élevés pour recevoir, pliés en deux, et sans toucher le sol inférieur, les rouleaux, qui ont ordinairement dix mètres trois cent quatre-vingt-quinze millimètres (trente-deux pieds, ou neuf aunes); on les plie ordinairement en quatre, de la manière suivante : Lorsqu'une opération est terminée, et qu'on veut porter la pièce sur l'étendoir pour la faire sécher, l'ouvrier et son aide prennent chacun une baguette, ils la passent chacun sous la pièce, à un quart environ de sa longueur, à compter de ses extrémités; l'un d'eux prend la règle, ou *ferlet*, il engage la baguette dans la rigole, il soulève la pièce, en la biaisant pour faire passer les deux bouts saillans de la baguette au-dessus des liteaux de l'étendoir; il la place de manière que la baguette soit sensiblement perpendiculaire aux deux liteaux, en l'approchant à quelques centimètres du mur, ou de la dernière pièce placée, et retire le *ferlet*; il fait la même opération pour la seconde baguette, et la dépose de même. Il continue à opérer sur une nouvelle pièce, et la suspend pareillement sur l'étendoir lorsqu'il a terminé son travail.

Lorsque les pièces sont sèches, on pousse les baguettes les unes contre les autres, pour les mettre en tas sur l'étendoir : on les descend de la même manière qu'on les y a montées; on les roule, et on les porte dans l'atelier qui doit s'occuper de l'opération subséquente.

Il faut observer, une fois pour toutes, que chaque fois qu'une pièce doit sortir d'un atelier pour la porter dans un autre, on la roule; sans cela elles seraient trop difficiles à transporter, elles occuperaient trop d'espace, et l'on serait exposé à les déchirer en grande partie. Nous ne parlerons plus de cette manipulation : nous pensons que le lecteur n'oubliera pas qu'elle est indispensable, et qu'il suffira que nous énoncions qu'on les porte dans un autre atelier, pour faire entendre qu'on les a roulées auparavant.

§. VI. *Lissage des pièces.*

Lorsqu'on a posé les fonds, on envoie les pièces au lissage. L'instrument dont on se sert se nomme *lisse* : c'est une pièce de bois de quatre-vingt-un millimètres (trois pouces) en carré, emmanchée à fourchette, et retenue par un boulon en fer, dans une forte pièce de bois fixée au plancher, mais assez longue pour faire un peu ressort. Cette pièce de bois verticale est aussi à fourchette par le bas pour y recevoir une espèce de cylindre en cuivre qui roule sur deux pivots. Ce galet a cent trente-cinq millimètres (cinq pouces) de long, et vingt-sept millimètres (un pouce) de diamètre ; il n'est pas parfaitement cylindrique ; ses deux extrémités sont d'un plus petit diamètre que le milieu, et les angles sont arrondis. Cette précaution est prise afin que ces angles ne puissent pas couper le papier, ce qui arriverait infailliblement s'ils étaient tranchans.

La lisse est assez longue pour arriver jusqu'au bord d'une forte table en bois dur et très unie, sur laquelle le lissage s'opère. La traverse supérieure, qui fait ressort, oblige la lisse à appuyer sur la table avec une pression à peu près égale. On obtient une plus grande uniformité lorsqu'on applique un poids au bout de la traverse supérieure qui produit alors l'effet d'un levier.

L'ouvrier pose sur la table la pièce à l'envers, c'est-à-dire que la couleur est en contact avec la table. Il prend la lisse à pleine main, et en la faisant mouvoir en tous sens, il unit parfaitement le papier, mais ne polit pas la couleur, qui reste mate, ce qui est nécessaire pour quelques papiers peints.

Il en est d'autres pour lesquels il faut que le fond soit poli ou lustré ; alors on porte ces pièces dans l'atelier du *satinage*.

La base de la couleur qui sert de fond à la pièce, varie selon que ce fond doit être simplement *lissé*, ou qu'il doit être *satiné*. La base est le blanc de Meudon, lorsque le fond doit être *lissé*. Cette base est du plâtre très fin, quand le fond doit être *satiné*.

§. VII. *Satinage des pièces.*

L'instrument dont on se sert pour le *satinage* est le même qu'on emploie pour le lissage; la seule différence consiste dans la manière dont est terminée la pièce de bois verticale. Ici, ce n'est pas un cylindre métallique, c'est une brosse rude, à poils courts, montée sur un genou qui lui permet d'être toujours à plat sur la table, dans quelque position qu'elle se trouve.

L'ouvrier étend la pièce sur la table, à l'endroit, c'est-à-dire la couleur en dessus; il saupoudre avec de la craie de Briançon très fine, que l'on nomme *talc*, dans le langage des ouvriers, et frotte fortement avec la brosse. Par cette manipulation la couleur se polit, et l'on dit que le papier est *satiné*.

Dans les ateliers du *lissage* et du *satinage* on ne construit pas d'étendoir, puisque dans ces deux opérations il n'y a aucune pièce à faire sécher.

§. VIII. *De l'impression des pièces.*

L'on se sert, pour imprimer les papiers peints,
de planches en bois semblables à celles qu'on
emploie pour l'impression des toiles peintes.
Nous ne décrirons pas ici l'art de fabriquer et
de graver ces planches, qui demande une main
exercée, et sur lequel nous nous sommes assez
étendu dans le *Manuel du Fabricant de Toiles
peintes,* page 30. Nous supposerons que l'ouvrier
chargé d'imprimer le papier est pourvu de toutes
les planches qui lui sont nécessaires pour exécuter les dessins qu'on lui commande. Nous ferons
observer seulement qu'il faut autant de planches
différentes que l'on a de couleurs ou de nuances
différentes à placer pour faire ressortir le dessin
proposé : pour faire une rose, par exemple, on
pose trois rouges plus foncés l'un que l'autre,
et un blanc pour les clairs ; il faut donc quatre
planches différentes pour une seule rose. Il en
faut encore autant pour les feuilles, autant pour
le bois, et s'il y a des fleurs en jaune et en violet, en supposant que chacune de ces couleurs
présente quatre nuances différentes, voilà déjà
que ce seul bouquet, composé seulement de trois
couleurs, exigera vingt planches distinctes et

séparées. Que l'on juge par là de combien de planches différentes se compose un dessin un peu compliqué.

L'on sent bien que si l'ouvrier n'avait pas des moyens de reconnaître les places sur lesquelles il doit porter ces planches pour que le dessin concorde dans toutes ses parties, il lui serait impossible de placer les couleurs à l'endroit convenable, et loin de faire quelque chose d'agréable, il ne ferait que du gâchis. Pour éviter cet inconvénient, les planches portent des repères, comme nous l'avons expliqué dans le §. 1er du chapitre II du *Manuel de l'Imprimeur d'indiennes,* (page 32.) Par ce moyen, on peut répéter le dessin d'un bout à l'autre de la pièce, sans qu'il y ait confusion. Lorsque le graveur, qu'on nomme *metteur sur bois,* est un peu adroit, il place les repères de manière qu'en posant une seconde fois la planche, la trace des premiers repères se trouve cachée par la couleur que la planche dépose, et lorsque la pièce est finie, on ne voit tout au plus que la trace des repères qui commencent, et ceux qui terminent la pièce.

Nous avons décrit (page 34) le baquet dans lequel on étend la couleur et qui est placé à la droite de l'ouvrier; mais comme il présente quel-

que différence avec celui de l'imprimeur d'étoffes,
nous devons en donner ici la description de nouveau. Chacune des faces de ce baquet a une longueur de quatre-vingt-un millimètres (trois
pouces) plus grande que la plus grande planche
dont il puisse se servir. C'est une caisse de vingt-
quatre à vingt-sept centimètres (neuf à dix pouces)
de profondeur, solidement assemblée, pour contenir de l'eau. On y met de l'eau à cent soixante-
deux millimètres (six pouces) de hauteur, avec
des rognures de papier qu'on laisse bien délayer.
Sur cette eau on place un cadre de bois sur lequel
est solidement fixé un morceau de peau de veau
qui repose sur l'eau. Les bords de ce cadre sont
de niveau avec les bords de la caisse, et les intervalles de vingt-sept millimètres (un pouce),
entre les bords de la caisse et ceux du cadre, sont
garnis de liteaux et bien calfeutrés ou lutés, afin
que l'eau ne rejaillisse pas. Sur cette peau on
couche des pièces de drap sur lesquelles on étend
la couleur ; mais il est préférable d'employer,
comme l'imprimeur d'indiennes, un châssis sur
les bords duquel est cloué un morceau de drap
fin : alors on a un châssis pour chaque couleur,
et l'ouvrier n'est pas obligé de laver le drap chaque fois qu'il change de couleur ; on se contente

de le râcler lorsqu'on cesse de s'en servir. C'est sur ce drap que l'aide étend la couleur qui doit servir à l'impression, et que l'ouvrier prend avec la planche. L'eau remplace ici la *fausse couleur* dont les fabricans d'indiennes remplissent leurs baquets.

On sent l'utilité de la fausse couleur; elle sert là comme de matelas, afin que la planche touche, par tous ses points, le drap sur lequel la couleur est uniformément répandue, de manière à ce qu'elle en enlève partout une égale quantité.

L'établi sur lequel l'ouvrier travaille est une forte planche de cent huit millimètres (quatre pouces) d'épaisseur, de deux mètres environ de longueur, de six cent cinquante millimètres (vingt-quatre pouces) de largeur, portée par de forts pieds carrés bien assemblés dans des traverses. Sur le derrière de l'établi est fixée à demeure, par des montures solides, une très forte traverse en bois qui sert d'appui au levier dont nous allons parler, et dont l'ouvrier fait continuellement usage pour imprimer.

Ce levier, qui a ordinairement deux mètres et demi de long, sert à comprimer plus ou moins fortement la planche, ce qui est préférable au maillet qu'on employait autrefois, qui avait de grands inconvéniens : 1°. selon que l'ouvrier était plus ou moins adroit, la planche restait fixe ou glissait, et dans ce cas formait des irrégularités; 2°. les coups réitérés du maillet gâtaient la planche; 3°. le bruit que faisaient tous ces maillets était désagréable et fatigant.

La table est recouverte de plusieurs doubles de drap pour former une espèce de matelas, afin que l'impression se fasse mieux et que la planche se gâte moins; ce drap est cloué sur le bord de la table ou établi.

Tout étant ainsi disposé, l'ouvrier, placé devant son établi, ayant à sa droite le baquet à couleur, étend sur l'établi le bout de la pièce sur laquelle le fond est déjà placé. Le rouleau sur lequel il travaille est porté horizontalement au bout et à côté de l'établi sur sa droite, il est traversé, dans toute sa longueur, par une petite baguette en fer, plus longue d'un décimètre ou environ que le rouleau : l'excédant de cette baguette, qu'on fait ressortir également par ses deux bouts, repose sur deux tasseaux en bois, solidement fixés sous l'établi; par ce moyen le rouleau est suspendu librement sur cette tringle de fer qui sert d'axe à cette sorte de cylindre;

qui se déroule avec facilité au fur et à mesure qu'on travaille.

Le bout du rouleau étant étendu sur l'établi, l'enfant qui sert d'aide à l'ouvrier met un peu de couleur sur le drap du baquet et l'étend, avec une brosse, aussi également qu'il le peut. Alors l'ouvrier, saisissant de la main droite la planche, la porte sur la couleur en appuyant légèrement, et place adroitement la planche sur le papier, à l'endroit convenable et que les repères lui indiquent. De suite il pose sur la planche un morceau de bois qui a la forme d'un petit chevalet, qu'on nomme *tasseau* (*fig.* 14, Pl. I), il le recouvre du levier qu'il a soin d'engager au-dessous de la traverse. Il appuie fortement, avec son petit aide, sur le levier, et la couleur se dépose sur le papier. L'ouvrier retire le levier, enlève le tasseau, et soulève adroitement la planche sans la laisser glisser. Pendant ce temps, l'enfant remet de la couleur sur le drap, s'il s'aperçoit qu'il n'y en a pas assez, ou bien il étend uniformément celle qui reste, et l'ouvrier recommence la même manipulation que nous venons de décrire : il continue de même jusqu'à ce qu'il ait fini la pièce.

Il ne faut pas oublier qu'au bout de l'établi,

sur la gauche de l'ouvrier, est placé un chevalet mobile sur lequel le petit aide jette la pièce au fur et à mesure qu'on l'imprime; il éloigne successivement ce chevalet, afin que la pièce soit toujours soutenue et qu'elle ne tombe pas par terre.

Lorsque la pièce est terminée, l'ouvrier, secondé par le petit aide, qu'on nomme *le tireur*, l'*accroche* (c'est le mot technique) sur l'étendoir; car on ne doit pas perdre de vue qu'il ne doit appliquer la couleur qui doit suivre, qu'autant que la précédente est parfaitement sèche.

On donne ordinairement à l'imprimeur assez de pièces du même dessin à faire, pour que la journée puisse être remplie sans dérangement, afin qu'elles aient le temps de bien sécher pendant la nuit, et qu'il puisse, le lendemain, faire sans danger une seconde opération sur les mêmes pièces.

Toutes les couleurs se placent de la même manière; les planches forment toutes les nuances : ce sont elles qui décident de la beauté et de la régularité du travail. Un dessinateur qui a du goût tire le plus grand parti de cet art. M. Dufour est le premier qui soit parvenu à faire des tableaux qui sont de la plus grande beauté. Son

histoire de Psyché et l'Amour est un chef-d'œuvre. Le peintre, à l'aide du pinceau, ne fondrait
pas mieux les couleurs; et lorsqu'on regarde
avec attention ces tableaux, on ne peut concevoir comment il a été possible d'atteindre un
aussi grand degré de perfection. On ne pourrait
pas décrire ces manipulations, elles sont le résultat du goût et d'une longue expérience; nous
en avons assez dit pour que des artistes éclairés
puissent se mettre sur la voie qui conduit à une
perfection aussi étonnante.

Les bordures ne présentent rien de particulier; elles s'exécutent de la même manière et
avec le même soin. Selon leur plus ou moins
grande largeur, on en place une, deux, trois,
quatre, etc., sur la largeur du rouleau.

Lorsque la pièce est imprimée, l'ouvrier exa-
mine si le dessin est bien correct, s'il n'y a pas
de manque dans la pose des couleurs, et quand
il aperçoit quelque défaut, il le corrige par le
pinceautage. L'action de pinceauter consiste à
placer avec un pinceau la couleur qui manque.
L'ouvrier a soin de pinceauter à chaque couleur
qu'il imprime, avant de passer d'une opération
à l'autre.

Aussitôt que toutes ces opérations sont termi-

nées, le papier peint peut être livré au consommateur; il ne reste, pour le placer en magasin, qu'à le
mettre en rouleaux. Nous avons dit qu'après chaque opération qui oblige à changer d'atelier, on
roule les pièces de papier, soit pour la facilité du
transport, soit afin qu'elles occupent moins de
place : il est cependant vrai qu'on ne les roule
pas avec une attention aussi scrupuleuse que
lorsque l'ouvrage est entièrement terminé. Ici,
on serre autant qu'il est possible le rouleau,
parce qu'il ne doit plus être ouvert en entier que
lorsqu'il s'agit de le coller sur place, et qu'il importe qu'il occupe dans le magasin le plus petit
espace possible. Il résulte encore de cette manière de les rouler serré, que l'air fatigue moins
les couleurs, qui conservent leur éclat pendant
plus long-temps. Cette dernière opération s'appelle *rouler en fin*.

Dans ces derniers temps, on avait imaginé
une mécanique pour *rouler en fin* les pièces de
papier peint; le mécanicien qui l'avait conçue
avait eu l'idée de rouler plusieurs pièces à la fois.
Nous avons vu cette machine, qui a été essayée
plusieurs fois devant nous; mais elle roulait mal,
ses produits n'ont pas satisfait les fabricans, et nous
pensons qu'elle a été abandonnée. Nous ne savons

pas qu'elle soit employée dans aucune manufacture; c'est la raison pour laquelle nous nous dispenserons de la décrire, puisque jusqu'à présent elle n'a présenté aucune utilité.

~~~~~~

CHAPITRE II.

DE LA FABRICATION DU PAPIER TONTISSE OU VELOUTÉ.

A PEINE l'usage du papier peint fut-il un peu répandu, que l'on imagina de lui donner une espèce de ressemblance au velours et aux tapis de la Savonnerie, en le couvrant en totalité, ou seulement par places, avec des tontures de draps de différentes couleurs : on les désigna sous le nom de *papier soufflé*, *papier velouté*, *papier tontisse*. L'on ne connaissait alors le moyen de former les nuances qu'à l'aide des tontures de différentes couleurs que l'on appliquait successivement sur les places que le dessin indiquait : cet ouvrage se faisait au pinceau. L'ouvrier appliquait d'abord le mordant; ensuite il mettait sur chaque trait, ainsi préparé, une pincée de tonture de la couleur qui convenait à cette partie de la figure, et passait ensuite à une autre. Ce travail exigeait un temps excessivement long, ces tapisseries devenaient très coûteuses; elles furent bientôt rejetées, et par cette raison, et parce qu'elles étaient sujettes à s'écailler à l'humidité, et qu'elles étaient facilement attaquées par les teignes.

Un fabricant de Rouen trouva le moyen de remédier à quelques uns de ces défauts; il parvint même, assure-t-on, à les préserver de la piqûre des vers : cependant nous nous sommes convaincu que des papiers tontisses sortis de sa fabrique, dont nous avons gardé long-temps des échantillons, étaient sujets, comme toutes les étoffes de laine, à être détruits par les teignes.

Aujourd'hui l'on est parvenu à fabriquer les papiers tontisses avec beaucoup de perfection, avec plus de célérité et avec bien moins de dépense. C'est encore à M. Leroy-Dufour que nous devons la connaissance des procédés ingénieux qu'on emploie dans leur manufacture, et que nous allons décrire.

Les huit opérations que nous avons fait connaître pour la fabrication des papiers peints se répètent pour le papier tontisse : elles sont les mêmes, à l'exception de la troisième, pour laquelle on emploie un *encollage* plus consistant que celui dont on se sert pour les papiers peints. Il n'y a de variations que pour l'application des tontures de drap, et la préparation de ces tontures. Nous allons donner des détails sur ces objets.

§. I. *Lavage des tontures.*

L'on prend des tontures de drap; on les choisit ordinairement blanches, afin d'avoir la facilité de les teindre de la couleur et de la nuance qu'on désire.

Comme les couleurs sont d'autant plus belles qu'elles sont appliquées sur des étoffes d'un plus beau blanc, on dégraisse les tontures et on les blanchit le mieux qu'il est possible. Pour cela, on les plonge dans l'eau chaude qui tient du savon de Flandre en dissolution; M. Roard regarde ce savon comme le meilleur. On fait chauffer jusqu'à soixante degrés de Réaumur, sans dépasser, puis on les lave bien dans l'eau tiède. On les expose sur le pré pendant huit à dix nuits, on les lave ensuite dans de l'acide sulfureux liquide étendu d'eau; on lave et l'on fait sécher.

§. II. *Coloration des tontures.*

La dessiccation de la tonture, après le blanchîment, ne se pousse pas jusqu'au dernier point. Lorsqu'il ne reste dans la laine qu'un peu d'humidité, on la plonge dans le bain de teinture qu'on a préparé selon la couleur et la nuance qu'on désire. Alors on la sort du bain, on l'étend sur des toiles clouées sur des châssis, et on les met à sécher dans une étuve en hiver, ou dans un endroit très aéré, lorsque la température atmosphérique est assez élevée. On porte la dessiccation au plus haut point possible. On teint ordinairement ces tontures de toutes couleurs, on leur donne des nuances peu foncées, parce qu'elles ne sont destinées qu'à faire les clairs : nous indiquerons plus bas comment on obtient les ombres. On trouvera au Chapitre III, dans lequel nous traiterons des couleurs, la composition des différens bains pour teindre les tontures.

§. III. *Mouture des tontures.*

Lorsque la dessiccation des tontures est complète, on les porte au moulin. Cet instrument est semblable au moulin à tabac : c'est une noix conique, taillée dans toute sa surface en lignes spirales, qui roule dans un cône creux, nommé *boisseau*, recouvert intérieurement de lames

tranchantes placées aussi en spirale. A l'aide
d'une vis on approche plus ou moins la noix du
boisseau, et l'on obtient par là une mouture
plus ou moins fine. La laine est jetée dans le
moulin, et, en tournant la manivelle, la mouture se fait aisément.

§. IV. *Blutage des tontures.*

A côté du moulin est un blutoir semblable à
ceux dont on se sert pour bluter la farine ; on
y passe la mouture précédemment obtenue, et
l'on recueille la poussière au degré de finesse
nécessaire pour le travail. Le son, car il en
existe toujours, est repassé au moulin et bluté
ensuite.

§. V. *Impression.*

Les instrumens dont se sert l'imprimeur sont
les mêmes que ceux que nous avons décrits à la
huitième opération des papiers peints. L'établi,
le baquet, le levier, les planches sont les mêmes.
Il y a de plus, dans cet atelier, sur la gauche
de l'ouvrier, et sur la même ligne sur laquelle
est placé son établi, une grande caisse de sept
à huit pieds de long, deux pieds de large dans
le fond, et trois pieds dans le haut, sur quinze
à dix-huit pouces de profondeur. Elle a un cou-

vercle à charnière, qui se rabat dessus. Son fond est formé de peau de veau fortement tendue. Cette caisse se nomme *tambour*; elle est posée sur quatre pieds solides qui l'élèvent environ à vingt-quatre ou vingt-huit pouces de terre. C'est dans ce tambour que l'on jette la poussière de tontisse.

Ce n'est que lorsque les couleurs sont totalement imprimées, et que la pièce est terminée sous ce rapport dans l'atelier d'impression, que nous avons décrit §. VIII, page 202, qu'on l'apporte dans l'atelier d'impression des tontisses, pour y placer le velouté, qui est la dernière opération de ce genre de tapisserie : opération qui se divise en deux et quelquefois en trois, lorsqu'on y ajoute la dorure ou l'argenture, que le même ouvrier exécute successivement.

La planche qui sert à appliquer le mordant qui doit retenir la poussière de laine, ne porte, en relief que les parties qui doivent recevoir ce mordant. Il est formé d'huile de lin rendue siccative par la litharge, et broyée ensuite avec du *blanc de céruse.* En termes d'atelier, ce mordant se nomme *encaustique.*

Le mordant est placé sur le drap du baquet à couleurs, de la même manière que les couleurs, il est étendu de même par le petit aide. L'ouvrier le prend avec la planche, l'étend uniformément sur cette planche, avec un tampon ou une espèce de pinceau, et le pose sur la pièce aux endroits désignés par des repères. Lorsqu'il en a placé sur une étendue suffisante, l'enfant qui le sert tire la pièce et la couche dans le tambour ouvert; il saupoudre à la main, avec la poussière de laine, et lorsqu'il y a assez de longueur de papier pour couvrir tout le fond du tambour, il ferme le couvercle; alors avec deux baguettes longues il frappe en cadence le fond en peau. La tontisse s'élève intérieurement comme une fumée, retombe sur la pièce et pénètre fortement dans l'*encaustique*, qui s'en sature et la retient. Il ouvre alors le couvercle, il secoue avec une de ses baguettes la pièce par-derrière, pour faire détacher toute la poussière qui ne s'est pas fixée, et l'on continue de même jusqu'à ce que la pièce soit terminée. On la place sur l'étendoir, et on la laisse parfaitement sécher.

§. VI. *Repiquage.*

Par l'opération que nous venons de décrire, le velouté est partout de même nuance, et ne serait pas agréable si l'on n'avait trouvé le

moyen de pratiquer des ombres presque toujours nécessaires pour faire ressortir le dessin.
Lorsque c'est une draperie, par exemple, il faut
pouvoir en faire sentir les plis. Pour y parvenir,
lorsque la pièce dont nous venons de parler est
parfaitement sèche, l'ouvrier la reprend; il l'é-
tend sur son établi, comme précédemment, et,
avec une planche appropriée au dessin, et à
l'aide des repères, il place sur le velouté une
couleur, en détrempe, plus foncée aux endroits
où doit être l'ombre, de manière qu'il teint, sur
la pièce même, les parties qui doivent être om-
brées.

Les clairs sont produits aussi par le repi-
quage. Cette méthode est plus expéditive, moins
dispendieuse que par les procédés anciennement
employés : elle est plus solide, et produit un
meilleur effet.

§. VII. Dorure.

On dore quelquefois certaines parties de papiers précieux, soit pour des ornemens particuliers, soit pour former des clairs : on emploie
pour cela de l'or en feuilles, comme pour la
dorure sur bois. Le mordant est de l'huile de
lin rendue siccative par la litharge; on place ce

mordant avec la planche, de même que l'*encaus-tique* pour la tontisse, mais ici on laisse presque sécher le mordant. Lorsqu'il reste assez d'humidité pour happer l'or, on le pose dessus à la manière des doreurs sur bois, ou des relieurs, après l'avoir coupé sur le coussinet, de la grandeur convenable, et on le fixe avec du coton en rame, ou avec un pinceau de poil de blaireau.

Lorsque le mordant est parfaitement sec, ou enlève le superflu de l'or, soit avec du coton, soit avec du linge fin. On ne jette ni ce coton, ni ce linge; ils emportent avec eux des fragmens de feuilles d'or. On les brûle, et l'on retire l'or des cendres par le moyen du mercure, comme le pratiquent les orfèvres pour le lavage des cendres de leurs ateliers.

Dans les cas où il est nécessaire d'argenter au lieu de dorer, le procédé est absolument le même; on emploie, au lieu d'or, de l'argent en feuilles.

Cette opération étant terminée, on suspend la pièce à l'étendoir, et lorsqu'elle est parfaitement sèche, on la brosse légèrement avec une brosse très douce, et on la plie en rouleau très serré pour la mettre en magasin.

CHAPITRE III.

DES COULEURS QU'EMPLOIE LE FABRICANT DE PAPIERS PEINTS.

LES couleurs qu'on emploie dans la fabrication du papier à tapisserie sont de deux sortes, terreuses ou liquides, comme nous l'avons annoncé au commencement de ce Manuel. Nous allons d'abord faire connaître la nature des diverses couleurs usitées dans cette fabrication; nous indiquerons ensuite la manière de les préparer.

§. I. *Du blanc.*

Dans l'impression du papier l'on emploie le blanc, tantôt pour rendre une nuance de couleur plus faible, en le mêlant avec cette couleur, tantôt pour former des clairs, et même pour peindre une fleur blanche, car on ne doit pas perdre de vue que c'est toujours sur un fond uniformément coloré que l'imprimeur travaille, et qu'il n'a pas ici, comme dans le lavis, la faculté de se servir du blanc du papier pour opérer ses diverses nuances. L'on emploie à cet effet le *blanc de plomb*, la *céruse*, le *blanc de Bougival*, le *blanc de craie*.

1°. Le *blanc de plomb* se fabrique à Clichy avec une grande perfection ; il nous venait autrefois d'Allemagne, mais n'était pas à beaucoup près aussi beau que celui qui sort de la manufacture de Clichy, dirigée par MM. *Roard* et *Brechoz*.

2°. La *céruse* n'est autre chose que le blanc de plomb mêlé avec de la marne blanche, dans les proportions suivantes : six parties de blanc de plomb, dix parties de marne blanche. Cette substance se fabrique dans un grand degré de perfection dans la même manufacture de Clichy. C'étaient autrefois les Hollandais qui nous vendaient la céruse, qu'ils fabriquaient avec des matières premières que la France leur fournissait. Ils nous enlevaient nos vinaigres , nos plombs, et même nos marnes, qu'ils venaient extraire dans les montagnes de *Canteleu*, près de Rouen, et en lestaient leurs navires. Ils nous faisaient payer bien cher leur main-d'œuvre, dans un genre d'industrie que nous avons su leur enlever, et qui nous procure le double avantage de faire mieux qu'eux, et de laisser en France des sommes considérables dont notre insouciance nous rendait tributaires envers l'étranger.

3°. Le *blanc de Bougival*, appelé aussi *blanc d'Espagne*, *blanc de Meudon*, est une marne blanche qu'on trouve près de ce bourg, à quatre lieues de Paris, à peu de distance de Marly. Cette terre se délaie facilement dans l'eau ; on la lave à plusieurs eaux jusqu'à ce que la dernière ne soit plus colorée en jaune ; on la passe à grande eau dans un tamis de soie. On laisse déposer le blanc, on décante ensuite l'eau qui surnage, et lorsque le dépôt a acquis une consistance suffisante, on le met en pains, qu'on laisse sécher à l'air.

4°. Le *blanc de craie*, ou simplement la *craie*, est à peu près comme le blanc de Bougival ; il est plus dur que ce dernier. On en trouve en grande quantité en Champagne, en Bourgogne, à Meudon, près de Paris, et en plusieurs autres endroits de France.

§. II. *Du jaune.*

Les couleurs jaunes que l'imprimeur sur papier emploie sont souvent prises parmi les végétaux. On les extrait par l'ébullition de la *gaude*, de la *graine d'Avignon*, de la *graine de Perse*.

On les extrait aussi des minéraux, tels que le *chrôme*, dont on fabrique le *sous-chromate de plomb*.

1°. La *gaude* (*reseda luteola*, LINN.) est une plante fort commune aux environs de Paris, dans la plupart de nos départemens, et dans une grande partie du reste de l'Europe.

Cette plante pousse des feuilles longues, étroites, d'un vert gai; du milieu de ses feuilles, la tige s'élève d'environ un mètre; elle est souvent rameuse, garnie de feuilles étroites comme celles d'en bas, et moins longues à mesure qu'elles approchent des fleurs, qui sont disposées en épis longs. Toute la plante, excepté la racine, donne une couleur jaune.

On distingue deux sortes de gaude : la gaude bâtarde ou sauvage, qui croît naturellement dans les campagnes, et la gaude cultivée, qui pousse des tiges moins grosses et moins hautes. Cette dernière est préférée; elle est beaucoup plus abondante en parties colorantes : elle est d'autant plus estimée, que les tiges en sont plus fines.

2°. La *graine d'Avignon* est la baie de l'épine-cormier (*rhamnus infectorius*, LINN.). On la cueille avant sa maturité; elle donne un assez

beau jaune, mais qui n'a pas beaucoup de solidité.

3°. La *graine de Perse* est aussi la baie d'une
espèce de *rhamnus*. La compagnie des Indes in-
troduisit en Europe cette graine, qu'on nomme
dans le pays, *ahoua*. Elle donne un très beau
jaune pur, beaucoup plus solide que celui de la
graine d'Avignon, et d'une bien plus belle nuance.

4°. Le *jaune de chrôme*, *sous-chromate de
plomb*, dont la découverte est due à feu M. *Vau-
quelin*, est sans contredit le plus pur et le plus
beau de tous les jaunes connus.

Pour obtenir cette belle couleur, on prend
une partie de la mine de chrôme du départe-
ment du Var; on la pulvérise avec soin dans un
mortier de fonte, et on la passe au tamis; ensuite on la mêle intimement avec un poids de
nitre égal au sien. On introduit ce mélange dans
un creuset que l'on remplit aux trois quarts; on
couvre le creuset; on le place dans un fourneau
à dôme, et l'on chauffe peu à peu de manière à
le faire rougir fortement pendant au moins une
demi-heure.

La calcination étant convenablement faite, on
retire le creuset du feu; on le laisse refroidir, et
l'on traite par l'eau la matière jaune, poreuse et

à demi fondue qu'il contient. Pour cela on brise les creusets, et l'on en met les débris dans une casserole de cuivre, avec la matière elle-même réduite en poudre. On verse dix à douze fois autant d'eau qu'il y a de matière; on fait bouillir pendant un quart-d'heure environ; on laisse déposer; on filtre, et l'on fait bouillir de nouvelle eau sur le résidu, jusqu'à ce qu'il ne la colore presque plus en jaune, signe auquel on reconnaît qu'il ne contient plus de chromate de potasse. On le purifie en lui faisant subir plusieurs cristallisations; après quoi on le redissout dans une suffisante quantité d'eau, et l'on verse graduellement cette liqueur dans une solution saturée et filtrée de sel de Saturne du commerce (*acétate de plomb*). Il se forme de suite un précipité abondant qu'on laisse bien déposer. On décante, on lave le précipité; on décante après le lavage, et l'on forme, du précipité, des *trochisques* par les moyens pratiqués pour les autres couleurs.

5°. Le *jaune minéral* est une substance extraite du plomb; elle est compacte, d'un jaune citrin brillant. On l'obtient par le procédé suivant:

On prend deux à trois parties de mine orange

et une de sel ammoniac. On triture d'abord ces substances dans un mortier de marbre, ou sur une table de verre, avec un peu d'eau ; puis on forme de ces substances un gâteau que l'on arrange dans une capsule en terre non vernissée. On place ensuite cette capsule sur un support, aussi en terre, dans un fourneau de réverbère. On fait d'abord un feu modéré pour évaporer l'eau sans violence ; puis on l'augmente graduellement, jusqu'à ce que l'ammoniaque à son tour soit lui-même entièrement évaporé. Alors on retire la capsule du fourneau, et la couleur est terminée.

6°. La *terre de Sienne* est une ocre jaune ou un oxide de fer naturel. C'est une couleur terreuse.

7°. L'*ocre de rue* est encore une couleur jaune terreuse naturelle, d'une nuance différente.

§. III. *Du rouge.*

Cette couleur se tire presque exclusivement du bois de Brésil. On connaît plusieurs espèces de ce bois de teinture, qui prend le nom du pays où il croît. Ainsi l'on dit : bois de Fernambouc, de Sainte-Marthe, du Japon, de Sapan, de Bimas, d'Aniola, de Niagara, de Siam, etc. Celui de Fernambouc est le plus estimé ; les autres sont moins riches en couleur; ils contiennent presque tous une quantité assez considérable d'une couleur fauve qui ternit l'intensité du rouge, et oppose des obstacles presque insurmontables à son application dans la teinture. On le débarrasse de ce pigment fauve par le moyen du lait écrémé, (*voyez* page 80), et l'on rend ces bois aussi riches en couleur que le vrai Fernambouc.

La manière d'extraire la couleur des bois colorans a été décrite ci-devant, page 171.

On emploie rarement la cochenille pour en extraire la couleur rouge; cette substance est trop chère.

2°. Le *sous-chromate de plomb rouge* s'obtient en triturant ensemble soixante grains (marc) de chromate de plomb jaune, et quarante grains d'oxide de plomb, en ajoutant de temps en temps un peu d'eau chaude. Ce procédé a été publié par M. John Badams, dans le journal anglais *Annals of philosophy*, avril 1825, pag. 303.

§. IV. *Du bleu.*

Le fabricant de papiers peints n'emploie pour faire les bleus que le *bleu de Prusse* et les *cendres bleues.*

1°. Le *bleu de Prusse* est le produit d'une

composition chimique qui est très connue, e
dont nous ne chercherons pas à décrire ici le
procédés, qui se trouvent dans tous les cour
de chimie et dans tous les ouvrages qui ont traité
des couleurs. D'ailleurs on le trouve abondamment dans le commerce, et aucun fabricant de
papiers peints ne prendrait la peine de le composer lui-même. Nous nous bornerons à dire
que le fabricant de papiers le met dans la classe
des couleurs terreuses.

2°. Les *cendres bleues*. C'est sous ce nom
qu'on désigne une pierre bleue, tendre, gréne-
lée, presque réduite en poussière, qu'on trouve
dans des mines de cuivre, en Pologne et dan
un terrain particulier de l'ancienne Auvergne
Elle est d'une grande beauté, et fort estimée
pour donner de très beaux bleus clairs. Les cendres bleues sont placées dans la classe des couleurs terreuses.

Les chimistes forment aussi, de toutes pièces
des cendres bleues en mêlant ensemble trois parties de bon sable blanc cristallisé, bien séché au
feu, deux parties de nitre, une partie de limaille
de cuivre, une partie de sel commun décrépité
et un huitième de partie de sel ammoniac. On
fait fondre le mélange dans un creuset. On verse

la matière dans l'eau froide; on la lave et on la tamise. L'eau décantée, on fait sécher le précipité bleu, et on le réduit en poudre impalpable.

3°. Le *vitriol bleu* (*sulfate de cuivre*) est un produit chimique; c'est un sel formé d'oxide de cuivre, dissous par l'acide sulfurique. On le trouve abondamment dans le commerce, sous le nom de *couperose bleue*. Cette couleur, qui s'obtient par la seule dissolution du sulfate de cuivre dans l'eau, est liquide.

§. V. *Du vert.*

Quoique le vert puisse être composé par le mélange du bleu et du jaune, cette couleur est regardée par le fabricant de papiers peints comme une couleur simple, il la fabrique assez ordinairement de toutes pièces, et il met beaucoup d'intérêt à avoir de beaux verts, dont les nuances ne peuvent être que très difficilement obtenues par le mélange des deux couleurs primitives, bleu et jaune. Nous allons donner trois recettes de vert formé de toutes pièces. Les procédés par lesquels on les obtient paraissent les mêmes, cependant ils donnent chacun des nuances très différentes.

1°. *Vert de Scheele.* Ce vert est une combinaison de deutoxide d'arsenic, et de deutoxide de cuivre. Scheele, à qui l'on doit la découverte de cette belle couleur, conseille de la produire de la manière suivante :

On met sur le feu, dans une chaudière de cuivre, un kilogramme de sulfate de cuivre avec quinze litres trente-six centilitres d'eau pure. La dissolution étant faite, on retire la chaudière du feu.

D'une autre part, on fait fondre séparément, à l'aide de la chaleur, deux kilogrammes de potasse blanche, sèche, et trois cent-trente-sept grammes (onze onces) d'arsenic blanc pulvérisé, dans cinq litres douze centilitres d'eau pure. Quand tout est dissous, on filtre la liqueur à travers un linge, et on la reçoit dans un autre vaisseau.

Sur la dissolution arsenicale, on verse la dissolution de sulfate de cuivre encore chaude; on observe d'en mettre peu à la fois, et l'on remue continuellement avec une spatule de bois. Le mélange étant fait, on le laisse reposer pendant quelques heures; alors la couleur verte se précipite. On décante la liqueur claire; on jette sur le résidu quelques litres d'eau chaude, et l'on remue bien. On décante de nouveau la liqueur claire quand la couleur s'est déposée; on lave une ou deux fois avec de l'eau chaude de la même manière. On verse enfin le tout sur une toile, et quand l'eau est passée et l'humidité évaporée, on met la couleur en trochisques sur le papier gris, et on la fait sécher à une douce chaleur. Les quantités indiquées donnent six cent quatre-vingt-huit grammes (une livre six onces et demie) de belle couleur verte.

Je doute, dit M. Thenard, que cette recette donne une couleur qui convienne aux fabricans de papiers peints. Il faudrait, je crois, ne pas faire les lavages à chaud, rendre la potasse un peu prédominante, et je tiens de M. Berzélius que la matière doit être recueillie sur une toile, et ensuite fortement comprimée, pour que la teinte ne s'altère pas et reste d'un vert foncé.

2°. En 1824, M. Braconnot, célèbre chimiste à Nancy, parvint à se procurer, dans la belle manufacture de papiers peints de M. Noël, du vert de Schweinfurt, qu'on ne fabrique que dans cette ville d'Allemagne, et de la composition duquel on fait le plus grand secret. Ce savant fut curieux d'en connaître la composition, et l'analyse lui démontra qu'elle était le résultat de la combinaison triple de l'acide arsénieux, du deutoxide de cuivre hydraté, et de l'acide acétique. Ainsi il fut convaincu que sa composition se rapproche du vert de Scheele, mais celui-ci paraît fort sombre en comparaison de celui de Schweinfurt.

D'après ces données, il crut pouvoir facilement composer ce dernier vert, mais il éprouva beaucoup de difficultés, dont il serait inutile de rendre compte. De tous les procédés qu'il essaya pour obtenir cette belle couleur, voici celui qui lui a passablement réussi :

On fait dissoudre, dans une petite quantité d'eau chaude, six parties de sulfate de cuivre; d'une autre part, on fait bouillir dans l'eau six parties d'oxide d'arsenic avec huit parties de bonne potasse du commerce, jusqu'à ce qu'il ne se dégage plus d'acide carbonique. On mêle peu à peu de cette dissolution chaude avec la première, en agitant continuellement jusqu'à ce que l'effervescence ait entièrement cessé; il se forme un précipité d'un jaune verdâtre sale fort abondant. On ajoute environ trois parties d'acide acétique concentré, provenant du bois, ou une quantité telle qu'il y en ait un léger excès sensible à l'odorat après le mélange; peu à peu le précipité diminue de volume, et, au bout d quelques heures, il se dépose spontanément au fond de la liqueur, entièrement décolorée, une poudre d'une contexture légèrement cristalline et d'un très beau vert. On sépare la liqueur surnageante, laquelle, en séjournant trop longtemps sur la couleur, pourrait déposer de l'oxide d'arsenic, qui la rendrait plus pâle; on la traite ensuite avec une grande quantité d'eau bouillante pour enlever les dernières portions d'arsenic, excédantes à la combinaison.

On doit avoir soin de ne pas ajouter à la dissolution de sulfate de cuivre un excès d'arsenite de potasse, parce qu'il saturerait en pure perte l'acide acétique, qui doit être en léger excès dans le mélange, sans y causer d'effervescence bien apparente; voilà pourquoi, en général, il convient de faire choix d'un arsenite de potasse bien saturé d'arsenic. Il est vrai qu'une partie de l'acide arsénieux reste dans les eaux mères; mais celles-ci peuvent servir à la préparation du vert de Scheele, que l'on emploie communément pour les papiers peints d'une qualité inférieure.

Voilà les résultats de l'expérience de laboratoire faite par M. Braconnot; mais lorsqu'il opéra en grand, dans les ateliers de M. Noël, le procédé fut modifié de la manière suivante:

On se servit d'un arsenite de potasse préparé avec huit parties d'oxide d'arsenic au lieu de six, et toujours huit parties de potasse, comme précédemment. Les liqueurs étaient concentrées. Quelques heures après le mélange, il s'était formé à la surface une pellicule d'une superbe couleur verte. On exposa le tout à la chaleur, et il se précipita une poudre lourde qu'on lava avec beaucoup d'eau, afin de la débarrasser d'un grand excès d'arsenic. Le vert que l'on obtint était magnifique; plusieurs coloristes non prévenus le jugèrent plus vigoureux que celui de Schweinfurt. On ne l'avait pas encore obtenu aussi beau. Les autres manipulations dont on ne fait pas mention dans ce second procédé sont les mêmes que dans le premier.

M. Braconnot pense qu'en variant les proportions qu'il a indiquées, on peut obtenir des nuances de vert extrêmement variées.

3°. M. Liebig, docteur allemand, publia, dans le *Repertorium der pharmazie*, les procédés pour obtenir une couleur verte plus belle, moins dispendieuse, et d'une plus facile exécution que le vert de *Schweinfurt*, qu'on appelle aussi *vert de Mitis* ou *vert de Vienne*. Voici comment s'exprime le docteur Liebig, à qui l'on doit ce procédé.

Après avoir fait dissoudre à chaud, dans une chaudière de cuivre, un peu de vert-de-gris dans une suffisante quantité de vinaigre pur, on ajoute une dissolution aqueuse d'une partie d'arsenic blanc. Il se forme ordinairement, pendant le mélange de ces liquides, un précipité d'un vert sale, que, pour la beauté de la couleur, il est nécessaire de dissoudre, afin de faire disparaître cette saleté. A cet effet, on ajoute, petit à petit, une nouvelle quantité de vinaigre, jusqu'à ce que le précipité soit parfaitement redissous. On fait bouillir le mélange; il s'y forme, après quelque temps, un précipité cristallin grenu d'un vert de la plus grande beauté, lequel, étant séparé du liquide, bien lavé et séché, n'est autre chose que la couleur en question.

Si, après cela, la liqueur contient encore un excès de cuivre, on y ajoute de nouveau de l'arsenic; et si elle contient un excès de ce dernier, il faut y ajouter du cuivre, c'est-à-dire du vert-de-gris dissous dans le vinaigre, et l'on opère le reste de la même manière. Il arrive souvent que cette liqueur contient un excès d'acide acétique; on peut alors l'employer de nouveau pour dissoudre le vert-de-gris.

Cette couleur, ainsi préparée, possède une

nuance bleuâtre; mais on demande souvent, dans le commerce, une nuance plus foncée et un peu jaunâtre, et d'ailleurs de la même beauté et du même éclat. Pour produire ce changement, on n'a qu'à dissoudre un demi-kilogramme de potasse du commerce dans une suffisante quantité d'eau, y ajouter cinq kilogrammes de la couleur obtenue par le procédé ci-dessus, et chauffer le tout à un feu modéré. Bientôt on voit la masse se former et prendre la nuance demandée. Si l'on fait bouillir trop long-temps, la couleur s'approche du vert de Scheele, mais elle le surpasse toujours en beauté et en éclat. La liqueur alcaline qui reste après ce traitement peut servir à préparer le vert de Scheele.

4°. Les *cendres vertes* sont aussi employées par l'imprimeur de papiers peints; c'est une terre verte dans le genre des cendres bleues qui donne une belle couleur terreuse verte.

§. VI. *Du violet.*

Le mélange du bleu et du rouge donne le violet, et l'on obtient toutes les nuances depuis le violet foncé jusqu'au lilas le plus clair, en faisant varier les proportions de ces deux couleurs primitives : plus on met de bleu, plus le violet est foncé; plus on met de rouge, plus la vient claire et rougeâtre.

Cependant le fabricant de papiers tient directement par la décoction d bois de Campêche, que l'on nomme aussi *bois d'Inde* ou *bois de la Jamaïque*, et que Linnée appelle *hæmatoxylum campechianum*. Une décoction de ce bois, dans laquelle on met de l'alun, fournit une belle couleur violette : cette couleur est liquide.

§. VII. *Du brun, du noir et du gris.*

Du brun. La *terre d'ombre* donne une couleur brune. C'est une terre friable, d'une nuance obscure ; elle est plus tendre dans son état naturel que lorsqu'elle a été calcinée. Elle sert à faire les ombres de toutes les nuances en la mêlant avec du blanc ou du noir.

Du noir. On emploie, pour cette couleur, le noir d'os ou d'ivoire. On fait *les gris* de toutes nuances avec le même noir mêlé avec la céruse ou le blanc de Bougival.

Les *gris* de perle ou bleuâtres se font avec du blanc de Bougival et du bleu de Prusse.

§. VIII. *Des couleurs composées.*

Nous ne pousserons pas plus loin l'énumération des diverses substances colorées que le fabricant de papiers peints emploie pour la composition de ses couleurs ; nous nous bornerons à
dire qu'il met en usage toutes les ocres et les
terres dont le peintre en détrempe se sert dans
les opérations de son art.

Il est indubitable qu'à la rigueur le fabricant
de papiers peints n'aurait besoin que de trois
sortes de couleurs dont nous avons parlé, *jaune*,
rouge et *bleu*, pour se procurer toutes les autres,
en mélangeant celles-ci deux à deux, ou toutes
les trois en différentes proportions, comme tous
les peintres qui connaissent bien la composition
des couleurs. Ils préfèrent cependant employer
certaines couleurs que la nature ou l'art leur
présente toutes formées avec des nuances très
brillantes, comme on l'a vu par les exemples
que nous avons donnés pour le *vert*, le *violet* et
le *brun*.

Le mélange du rouge et du bleu donne le violet de toute intensité et de toute nuance ; celui
du jaune et du bleu fournit tous les verts possibles ; et le jaune avec le rouge donne les orangés.

§. IX. *De la préparation des couleurs.*

La plupart des couleurs terreuses se délaient facilement dans l'eau : on profite de cette propriété pour les réduire en poudre impalpable et les débarrasser de toutes les impuretés qui peuvent les altérer. On les concasse, on les met ensuite tremper, pendant un temps convenable, dans l'eau; on agite de temps en temps avec un bâton, et lorsque tout est bien délayé, on agite fortement pour mélanger toute la terre dans l'eau. On laisse reposer quelques instans pour donner le temps aux parties les plus grossières de se déposer au fond. On ouvre ensuite le robinet qui est à un pouce au-dessus du fond du vase ; on reçoit l'eau trouble dans un autre vase qu'on place au-dessous; cette eau entraîne la terre colorée la plus légère et par conséquent la plus fine. On laisse déposer dans ce second vase, et lorsque l'eau qui surnage est parfaitement limpide, on décante et l'on conserve la couleur qui est au fond.

C'est cette couleur qu'on emploie en y mêlant à chaud de la colle de Flandre pour lui donner la consistance nécessaire. Pendant le travail, on entretient cette couleur toujours tiède, afin de tenir la colle dans un état de fluidité suffisant.

Les couleurs terreuses qui, comme le bleu de Prusse, le vert de Scheele, le vert de Schweinfurt, etc., ne contiennent pas des matières hétérogènes sont broyées sur un marbre à l'aide d'une molette, et on leur donne de même la consistance indispensable avec la colle de Flandre.

Les couleurs liquides sont, à proprement parler, des teintures que l'on extrait, par ébullition, des bois, des plantes, des graines, auxquelles on mêle, pendant l'ébullition, de l'alun en poudre, qui fait développer les couleurs en leur donnant de la solidité. On les épaissit d'abord au point suffisant avec de l'amidon, et l'on ajoute de la colle de Flandre pour les fixer sur le papier.

Quelques fabricans forment des laques avec ces couleurs : alors ils ne mêlent point d'amidon, parce que ce procédé leur donne des couleurs qu'on peut appeler terreuses. Pour y parvenir, lorsque la couleur est bien formée comme nous venons de l'indiquer, et après qu'ils en ont retiré le bois ou les graines, ils jettent dans le bain un excès d'alun ; ils y versent ensuite une forte dissolution de potasse, en agitant la couleur, afin que la potasse se répande partout uniformément. Il se fait alors une double décomposition ; l'acide

sulfurique de l'alun s'empare de la potasse et
abandonne l'alumine qui se charge de la couleur
et se précipite : c'est la *laque* dont nous avons
parlé, que le fabricant emploie comme une couleur terreuse.

Il faut observer que lorsqu'on fabrique des
laques, on ne doit pas jeter la dissolution de potasse tout à la fois dans le bain colorant; on la
verse par parties, on remue, il se produit une
effervescence, et l'on ajoute petit à petit de nouvelle potasse jusqu'à ce que l'effervescence ait
cessé. Alors on jette la liqueur sur un filtre en
toile recouvert d'une feuille de papier gris. La
liqueur passe au travers ; elle contient le sulfate
de potasse, et la laque reste sur le papier : on la
retire lorsque la liqueur est passée, et l'on s'en
sert pour la peinture sur le papier.

§. X. *Des eaux.*

Dans une manufacture de papiers peints , on
doit avoir de l'eau en grande abondance , et c'est
un point important de se la procurer sans frais.
Le fabricant qui peut avoir chez lui une fontaine
est un être privilégié , et il y en a peu qui soient
dans ce cas. Lorsqu'il n'a qu'un puits , et qu'il est
obligé de se servir d'une pompe pour se procu-

rer toute l'eau qui est nécessaire, c'est encore une dépense assez considérable que d'être obligé de payer un ouvrier uniquement occupé à ce genre de travail. Nous ne croyons pas pouvoir donner un meilleur conseil aux manufacturiers, qu'en leur citant pour exemple le moyen ingénieux que feu M. Dufour mit en usage pour se procurer, sans frais, une quantité d'eau plus que suffisante, non seulement pour les besoins de sa manufacture, mais même pour le service de toute sa maison. Il fit construire à côté de son puits un grand bassin assez élevé pour verser l'eau dans les chaudières, etc.; des tuyaux particuliers la portent aussi partout où il est besoin, et des robinets placés dans divers lieux la distribuent aussi sans aucune peine; une pompe placée dans le puits sert à remplir le bassin. Voici le stratagème qu'il employa pour faire remplir le bassin sans frais.

Cette manufacture occupe une grande quantité d'ouvriers; il n'en est pas un qui, trois ou quatre fois par jour, n'ait besoin de boire ou de tirer de l'eau pour se laver les mains, laver les planches ou les draps qui servent à la fabrique. Dès l'instant qu'il agite la pompe, les deux tiers de celle qu'il tire tombent dans le bassin, le troisième tiers est destiné à l'ouvrier, et cela est calculé de manière qu'il en a toujours plus qu'il ne lui en faut. Le trop-plein, lorsqu'il y en a, se rend dans un autre bassin, et sert à arroser le jardin. Les choses sont si bien combinées que, le soir, lorsque les ouvriers quittent le travail, le bassin est toujours plein, de sorte que le lendemain matin, en reprenant l'ouvrage, l'atelier de la préparation des couleurs a toute l'eau qui lui est nécessaire. Les ouvriers ne se doutent même pas de cette disposition.

Dans une manufacture, les plus petites économies ont toujours des résultats très importans : ainsi on ne saurait donner trop d'éloges à un fabricant qui sait mettre à profit les ressources que lui présentent toutes les circonstances dans lesquelles il se trouve, pour exécuter aux moindres frais possibles les différentes manipulations de l'art qu'il exerce.

Les planches, à force de servir, se crassissent, c'est-à-dire que les couleurs se rassemblent dans les creux que présentent les dessins, et l'on est obligé de les nettoyer souvent pour conserver les traits purs. Les ouvriers se servent de brosses et d'eau ; ils enlèvent avec soin toute la couleur et laissent sécher les planches à l'ombre. Lorsqu'une planche ne doit pas servir de quelque temps, on a toujours la précaution de la bien laver, et de la faire parfaitement sécher avant de la mettre en magasin.

Si, malgré tous les soins que l'on prend pour que la surface des planches soit toujours dans un même plan du côté du dessin, ce qui est très important, et qu'il leur arrive de *se voiler*, de *se tourmenter*, ou de *gauchir*, il est indispensable de les redresser, sans quoi elles ne porteraient pas également partout dans l'opération de l'impression. Pour les redresser, il suffit de mouiller le côté qui est creux, et de chauffer l'autre côté bombé devant un feu doux.

§. XI. *Ordre des opérations à suivre dans l'impression des papiers.*

Nous avions le dessein de donner ici, comme nous l'avons fait pour l'impression des toiles et des indiennes (page 84), l'ordre selon lequel doivent avoir lieu les diverses manipulations successives pour l'application des couleurs sur le papier. Nous avons suivi pour cela quelques opérations dans l'atelier de M. Leroy-Dufour, et nous avons été surpris de voir qu'on n'avait dans ce travail aucun ordre fixé et arrêté.

Cet excellent manufacturier, que nous avons consulté, nous a convaincu que cet ordre n'était pas nécessaire, et que le dessin seul les guidait. Voici le résumé de notre conversation :

Dans la fabrication des indiennes, la plupart des couleurs sont données par le garançage ou le gaudage sur les places que les mordans ont déterminées, et alors il est facile d'assigner un ordre de travail. Mais dans l'impression des papiers il n'en est pas de même : les couleurs sont toutes d'application, et l'on ne suit d'autres règles que les suivantes : la première planche porte la nuance moyenne de la couleur qui est le plus souvent répétée sur la planche quelle qu'elle soit ; la seconde porte la couleur foncée qui fait ombre sur la première. S'il y a une seconde couleur, elle est placée de la même manière par deux ou plusieurs planches, dans le cas où il y a ombre sur ombre, et lorsque toutes les couleurs sont ainsi placées, une planche porte tous les blancs pour les clairs.

Voilà la seule règle que l'on suit dans l'ordre de l'application des couleurs dans la fabrication des papiers peints. On voit, comme nous l'avons dit précédemment, que le dessin, qui n'a que le goût pour règle, fixe l'ordre des manipulations dans l'exécution.

CHAPITRE IV.

DES PRODUITS LES PLUS MARQUANS DANS LA FABRICATION DES PAPIERS PEINTS.

L'ON a fait dans ces derniers temps des choses assez remarquables dans le genre de fabrication qui nous occupe : les dernières expositions des produits de l'industrie ont présenté des objets parfaitement exécutés; mais rien encore n'a pu surpasser pour le dessin, le fini, les belles tentures à sujets variés qui se fabriquent depuis long-temps dans la manufacture de M. Leroy-Dufour. Pour donner une idée des beaux papiers qu'on exécute avec beaucoup de perfection dans cette manufacture, nous avons fait graver sur une très petite échelle deux sujets pris au hasard, parmi un grand nombre que nous avons eus sous les yeux.

La *fig.* 15, *Pl. II*, représente un plafond dont le sujet est la *Toilette de Vénus*. Ce sujet central et sa bordure sont invariables dans leurs dimensions. Le côté A présente une moitié du plafond, avec tous ses accessoires, dans une proportion d'environ quatre mètres et demi (quatorze pieds).

Le côté B le présente dans une proportion d'environ trois mètres (neuf pieds quatre pouces).

Ces deux proportions s'ajustent à toutes les étendues de plafonds, par le rétrécissement ou l'élargissement des champs-unis, et par le changement de la bordure du tour, qu'on peut mettre plus ou moins large, et même supprimer selon le cas, la bordure de l'appartement pouvant terminer à la fois la tenture et le plafond.

La *fig.* 16 représente un des six beaux sujets dont se compose la galerie mythologique. Diane aimait tendrement Adonis, qu'elle élevait avec soin. Vénus lui ayant dérobé cet enfant, la déesse irritée accourt le lui demander. Vénus, pour garder Adonis, a recours à un stratagème : elle présente à Diane, Cupidon et Adonis, à qui elle avait fait croître des ailes semblables à celles de son fils. La chaste Diane, ne pouvant distinguer Adonis de Cupidon, les laisse tous les deux à Vénus, dans la crainte que son choix ne se portât sur l'Amour.

Des deux côtés du sujet principal, sont des

groupes d'accessoires qui varient selon les sujets.

Les laizes de cette tenture pourraient se poser sans interruption entre eux, et en se suivant, de manière que les sujets ne soient séparés que par des groupes d'accessoires ; mais cette pose n'est pas si belle, ni si riche que lorsqu'on forme suivant la dimension des faces des appartemens des tableaux isolés de chaque sujet, dans lesquels on placera à volonté, aux parties latérales, les groupes d'accessoires.

La *fig.* 16, qui montre l'un de ces tableaux est formée de quatre laizes ; elle sert de modèle pour la pose, et en représente le bel effet. Elle indique que chaque sujet doit être encadré par des bordures : les extrémités de gauche et de droite seront fermées par la bordure n° 4, qui termine aussi le cadre du tableau en dessus et en dessous. On ajoute au haut et au bas la bordure n° 3, et un espace n° 2, en fond uni, d'une couleur différente du tableau, mais en harmonie avec elle. La hauteur de ce fond uni varie selon celle de la hauteur de la pièce ; il se terminera par un talon quelconque, n° 1, qui e la bordure qui doit régner en haut et en b tout autour de la pièce.

Dans les localités d'une hauteur extraord

naire, qui exigent un décors extrêmement élevé,
on peut employer, sans inconvénient, au-dessus
du fond uni, en remplacement de la bordure
supérieure, une corniche plus ou moins haute,
avec ou sans frise.

Voici la manière de coller ces sortes de tapisseries, dans les appartemens ordinaires d'une
hauteur de dix pieds. Supposons encore, pour
l'intelligence de ce que nous avons à dire, que
le mur sur lequel on doit placer cette décoration soit divisé en deux parties, par une cheminée ou par une grande glace, et que les deux
espaces vides soient égaux ; supposons enfin
qu'ils soient assez larges pour contenir le tableau entier représenté (*fig.* 16.), et qu'il reste
encore en tout un pied de vide, sans compter la
largeur de la bordure n_o 3. On retranchera,
de la hauteur totale de la pièce, à partir de la
cimaise, sur laquelle doit reposer la bordure générale, deux fois cette bordure, à cause de
cette même bordure, qui doit régner en haut et
en bas. On placera le tableau, et on le collera
au milieu de cette hauteur ; en laissant à droite
et à gauche un espace égal.

On collera le fond sur tout le vide que laissera le tableau, et derrière la glace, ou au

moins au-dessus si la glace doit être inamovible, et si elle ne monte pas jusqu'à la corniche.

Sur ce fond, on collera d'abord et tout autour la bordure qui sert de cadre au tableau que nous avons désigné ici par le n° 4. On colle ensuite au haut et au bas la bordure n° 3, si l'emplacement le permet.

Si l'espace est trop étroit, on en supprimera les deux trophées, qu'on pourra placer ensuite séparément dans les trumeaux trop étroits pour recevoir le tableau le plus étroit; on l'encadrera de même.

Si l'espace est large et peut contenir deux tableaux, on divisera également l'emplacement des fonds, en laissant entre leurs bordures un fond suffisant et égal à celui qui doit exister sur les côtés.

Tous les tableaux, leurs cadres et leurs fonds ainsi terminés et bien collés, on colle les bordures en haut et en bas.

Cet exemple suffira pour diriger dans l'application de ces tentures, qui produisent le plus bel effet, et remplacent les tableaux que l'on suspend contre les murs des salons de compagnie.

Ces sortes de tentures se prêtent parfaitemen

pour former des panneaux de toutes les dimensions, par la facilité que l'on a de joindre aux
sujets, ou d'en séparer les groupes d'accessoires
qui les interrompent. Ces groupes seuls peuvent
aussi former les panneaux d'un laize, comme
nous l'avons dit, d'autant mieux qu'il n'y aurait
point d'inconvénient à les répéter s'il était nécessaire. On peut encore, lorsqu'on est contrarié
par l'espace, couper un groupe d'accessoires,
et même en placer une partie des deux côtés du
tableau, en ayant soin de la faire toucher à la
bordure latérale. En un mot, pour bien placer
cette tenture, il faut qu'elle produise l'effet
d'un tableau placé sur une tapisserie.

La *galerie mythologique* est composée de vingt-
quatre laizes, ainsi qu'il suit : Vengeance de
Cérès, deux laizes; Apollon et Phaéton, trois;
Vénus et Diane, deux; les Muses, quatre; le
Jugement de Pâris, quatre; le Temps et les Sai-
sons, trois; groupes d'accessoires, six différens.

Les *Portiques d'Athènes*, composés de seize
sujets différens, très bien choisis, et qu'il serait
trop long de décrire. Cette galerie est on ne
peut plus intéressante.

Les *Monumens de Paris*, exécutés en trente

laizes, forment une collection des plus curieuses, et sont d'une grande vérité.

L'*Histoire de Psyché et de Cupidon*, comprenant douze tableaux formés de vingt-six laizes exécutés avec la plus grande perfection.

Paysage de Télémaque dans l'île de Calypso exécuté en vingt-cinq laizes, colorié, et formant dix sujets différens.

Les *Fêtes grecques*, paysage grisaille, en trente laizes, représentant huit fêtes différentes.

Les *Incas*, paysage historique, en vingt-cinq laizes, colorié. Ce dernier sujet est tiré de l'ouvrage de Marmontel, intitulé *les Incas*, ou la Destruction de l'empire du Pérou.

Un sujet des *Batailles des Français en Italie* vient d'être exécuté par M. Leroy-Dufour, avec une rare perfection. C'est un sujet suivi, et n'est point disposé en tableaux. Il forme une tapisserie continue qui est d'un très bel effet, en grisaille.

Nous ne pouvons donner qu'une idée très succincte de ces divers sujets, qu'il importe de voir pour se convaincre de la perfection avec laquelle ils ont été exécutés, et quel parti on peut tirer, avec du goût, d'un art qui ne paraissait pas devoir se prêter à des objets de cette nature. Ce sont de véritables tableaux qui for-

ment un très bel ornement dans les appartemens, et qui remplacent avec économie les plus
belles tentures, qu'on ne peut se procurer qu'à
des prix excessivement élevés. Le génie de ces
ingénieux manufacturiers, qui ont inventé ce
genre de tenture, mérite et des éloges et des
encouragemens par le goût et la perfection avec
lesquels ils l'ont exécuté.

DEUXIÈME PARTIE.

——

DES PAPIERS DE COULEURS DESTINÉS À TOUT AUTRE USAGE QU'À LA TENTURE DES APPARTEMENS.

INDÉPENDAMMENT des papiers peints destinés aux tentures des appartemens, dont nous venons de décrire la fabrication, on trouve, dans le commerce, des papiers colorés sur une seule surface, quelquefois d'une teinte unie, d'autres fois marbrés, ou maroquinés, guillochés, jaspés, à petites fleurs, à racinage; on en trouve de dorés ou argentés, unis ou à figures. C'est de leur fabrication dont nous allons nous occuper. Ces papiers sont employés dans un grand nombre d'arts industriels, parmi lesquels nous citerons particulièrement l'art du relieur et celui des cartonnages.

Les papiers dont nous allons parler ne sont pas, comme le papier à tenture, livrés en rouleaux au consommateur : on les trouve, dans le commerce, en rames ou en mains comme le papier blanc ordinaire, ou le papier de couleur, teint dans le moment de sa fabrication dans la cuve du papetier. Ce genre de fabrication n'appartient pas à l'art que nous décrivons, il est tout entier du ressort du *papetier*, ou fabricant de papier, qui colore la pâte avant de la former en papier. C'est par cette raison que nous n'en parlerons pas. Nous nous bornerons à l'art de couvrir le papier fabriqué, sur une surface seulement, de couleurs ou de dorures.

Nous diviserons cette seconde partie en plusieurs Chapitres, en allant du plus simple au plus composé.

CHAPITRE PREMIER.

DE LA COLORATION DU PAPIER UNI OU A UNE SEULE COULEUR.

On choisit généralement, pour toutes les opérations dont nous allons parler, du papier de la même qualité que celui qu'on emploie pour les papiers de tenture, c'est-à-dire qu'il n'a pas été plié en mains par le milieu de la largeur de chaque feuille ; ce pli serait nuisible à l'uniformité de la couleur, et présenterait toujours dans cette partie une nuance différente, ce qui serait un défaut notable. Ce papier est fourni par le fabricant, tout étendu, plié en paquets, contenant chacun une rame ou 500 feuilles. Il doit être blanc et suffisamment collé.

§. I. *Du collage du papier.*

Dans le cas où les feuilles de papier ne seraient pas suffisamment collées, l'ouvrier en placerait devant lui un paquet contenant une rame, car il opère toujours sur une rame à la fois. Il pose la rame sur une des feuilles de papier qui l'enveloppe.

Il est bien entendu, sans que nous ayons besoin de le dire, que l'ouvrier place son papier sur une forte table, solide, semblable à celles des fabricans de papier à tenture, devant une croisée qu'il peut avoir indifféremment à sa droite ou à sa gauche. Cette table n'est couverte d'aucun drap. L'ouvrier a sur sa droite un baquet plein de la colle qu'il doit passer, et qui doit en contenir assez pour coller toute la rame.

L'atelier est rempli du haut en bas de cordes horizontalement placées, et formant plusieurs étages, comme l'étendoir du papetier, sur lesquelles on étend les feuilles pour les faire sécher, en ayant soin d'espacer ces cordes en hauteur, de manière que la feuille pliée par la moitié, et posée ainsi sur l'étage supérieur, ne puisse pas toucher la feuille qui sera placée immédiatement au-dessous.

On se sert du *ferlet* pour poser les feuilles sur les cordes, et pour les descendre. Ce *ferlet* a sa traverse supérieure plus longue que celle pour les papiers à tenture ; elle excède de quelques centimètres la largeur du papier qu'on emploie, et n'a pas de rainure par-dessus. Ce dessus est arrondi et poli, afin de ne pas déchirer le papier.

La disposition de la table est commune à la fabrication des papiers dont nous parlerons dans cette seconde partie ; nous ferons connaître seulement les différences qu'il y aura à remarquer dans certains Chapitres, et nous ne parlerons plus de sa construction.

L'ouvrier se sert d'une brosse ronde à longs poils très flexibles, comme les fabricans de papiers à tenture (*voyez* page 194), et il colle de même, feuille à feuille ; son petit aide n'a pas besoin de passer ses longues brosses après lui, la longueur du papier n'est pas assez grande pour nécessiter cette manipulation. Le petit aide prend la feuille aussitôt qu'elle est terminée; pour cela il passe le *ferlet* par-dessous, après l'avoir un peu soulevée; il l'enfonce jusqu'au milieu de sa longueur, il la soulève; elle se trouve à cheval sur la traverse supérieure, et il la place sur la corde, en commençant par les plus élevées.

Pendant ce temps, le colleur prépare la seconde, que le petit aide enlève de même, et ils continuent ainsi leur travail jusqu'à ce que la rame soit terminée. Lorsque le tout est bien sec, on descend les feuilles, on les remet en tas sur la table, comme la première fois, et le papier est préparé pour le passer en couleur.

§. II. *Des couleurs.*

Les couleurs sont les mêmes que celles du fabricant de papiers de tenture; elles se préparent de même (*voyez* ci-dessus, première Partie, Chapitre 3, page 220).

Les couleurs s'appliquent comme les fonds des papiers de tenture (p. 193), avec une brosse ronde à longs poils. La couleur est placée dans un baquet sur la droite de l'ouvrier. Son petit aide agite très souvent la couleur, à l'aide d'une spatule de bois, afin de l'empêcher de faire de dépôt, ce qui changerait la nuance, et la couleur s'épaissirait continuellement. Il est important qu'elle conserve toujours la même fluidité.

Le petit aide enlève de la même manière qu'il l'a fait après le collage, chaque feuille aussitôt qu'elle est peinte, et il la place sur les cordes de l'étendoir.

Nous avons dit que les couleurs employées pour ce genre de peinture sont les mêmes que celles que nous avons données pour le papier de tenture ; cependant il faut observer qu'elles doivent être moins épaissies, en général, que celles des papiers de tenture.

Nous ferons remarquer aussi qu'avant de passer sur les mêmes feuilles à une seconde opération, il faut toujours attendre qu'elles soient parfaitement sèches. C'est une règle générale que nous posons une fois pour toutes, et dont nous ne parlerons plus.

§. III. *Du lissage et du satinage.*

Après que la couleur est bien sèche, on la lisse, et on la satine selon les divers cas. Ces deux opérations se font de la même manière que pour les papiers à tenture, et l'ouvrier se sert ici des mêmes instrumens et des mêmes moyens (v. §. VI et §. VII, p. 199 et 201). Il est cependant bon d'observer que, pour ces sortes de papiers, on lisse souvent après avoir satiné, sur le côté où est la couleur, afin de donner à cette surface le poli qu'on cherche assez souvent dans le commerce. Alors, dans ce cas, on a une troisième lisse, au bas de laquelle, au lieu de cylindre de métal et de brosse dure, se trouve un morceau de verre rond comme un cylindre, d'un décimètre de diamètre, de trois centimètres d'épaisseur, dont les bords sont arrondis et parfaitement polis. En passant, avec une suffisante pression, ce cylindre sur le papier, on le rend uni et brillant comme une glace.

Cette opération terminée, on remet le papier en rame ; on le plie, on en fait un paquet, et on le met en magasin tout étendu comme on l'a reçu.

CHAPITRE II.

DES PAPIERS GUILLOCHÉS, JASPÉS ET NACRÉS.

§. Ier. *Des papiers guillochés.*

CES papiers se peignent de plusieurs manières différentes ; ils sont de deux nuances de la même couleur; tantôt c'est du gros rouge sur un rouge plus pâle; du bleu foncé sur un bleu de ciel, et de même pour toutes les autres couleurs. Voici comment on opère :

1°. On passe un fond uniforme de la couleur tendre, et l'on applique dessus la couleur plus foncée à l'aide d'une éponge plus ou moins fine, dont on taille une des surfaces planes, et l'on prend, avec cette éponge, la couleur étendue sur un drap, comme pour le papier à tenture; on pose légèrement l'éponge dans des sens différens, et l'on forme ainsi ces petits traits qu'on y remarque avec la couleur plus foncée. Le goût décide l'ouvrier.

- 2°. On fait ces guillochés à l'aide de planches dans le genre des papiers à tenture, en plaçant la couleur foncée sur le fond clair. C'est le meilleur des trois procédés.

3°. On exécute des guillochés à la manière des jaspés dont nous allons parler; alors on peut facilement appliquer deux ou trois nuances de couleurs foncées sur le fond clair.

§. II. *Des papiers jaspés.*

Sur un fond clair de couleur quelconque, on jaspe soit à une seule couleur, soit aussi à la même couleur du fond, pourvu qu'elle soit plus foncée. On place par terre, sur une planche, la rame de papier, portant déjà le fond qu'on a voulu lui donner; ensuite, avec un gros pinceau à long manche, en forme de petit balai, fait avec des racines de chiendent ou de riz, on prend de la main droite un peu de la couleur dont on se propose de former la jaspure; et, après avoir bien essuyé la couleur sur le bord du pot qui la contient, on saisit de la main gauche une barre de fer, on élève les bras en s'éloignant suffisamment du tas de papier, et l'on frappe du manche du pinceau sur la barre de fer pour faire tomber de haut, sur le papier, de petites gouttes de couleur comme une légère pluie fine. On frappe légèrement en commençant, et de plus fort en plus fort, au fur et à mesure que le pinceau devient de moins en moins chargé de couleur. Plus les gouttes sont fines, et plus le jaspé est beau.

Lorsqu'on veut jasper en deux ou plusieurs couleurs, on jaspe une couleur après l'autre; on n'a pas besoin d'attendre qu'une jaspure soit sèche pour jasper la seconde; mais il faut avoir soin de bien marier les couleurs pour que la jaspure soit agréable. Le goût décide l'ouvrier.

Après la jaspure, on fait sécher, et ensuite on

lisse à l'envers ; on satine et on lisse à l'endroit.
Il en est de même des guillochés.

§. III. *Des papiers nacrés.*

On désigne, sous le nom de *papiers nacrés*, des
papiers dont la surface présente un peu l'aspect
de la nacre. On ne nacre guère que sur un fond
gris de perle. Lorsque le papier est satiné, on
passe, dessus toute la surface, une dissolution
d'écailles d'ablette faite par l'ammoniaque liquide
et le vinaigre, qu'on étend avec une brosse
ronde à long poils de blaireau. On fait parfaitement sécher, et ensuite on lisse et l'on donne le
poli par le lissoir en verre avec beaucoup de
précaution.

CHAPITRE III.

DES PAPIERS MARBRÉS.

Les papiers se marbrent avec les mêmes couleurs qu'emploie le marbreur sur tranches, dans
l'art du relieur ; elles diffèrent de celles du papier de tenture. Il n'est pas nécessaire pour cet
art particulier, ni de coller une seconde fois le
papier, ni de poser aucun fond. On prend le pa-

pier tel qu'il est livré par le papetier, ayant reçu cependant le collage à la fabrique.

§. Ier *De l'atelier du marbreur et de ses outils.*

L'atelier du marbreur est semblable à ceux que nous avons décrits, mais, indépendamment de la table et de l'étendoir dont nous avons parlé, il a des outils particuliers qu'il est bon de connaître : 1°. un baquet formé de planches en chêne, qui contient bien l'eau; 2°. un petit bâton rond; 3°. quelques vases de terre pour renfermer les couleurs et les diverses préparations; 4°. un petit fourneau, 5°. un phorphyre et la molette pour broyer les couleurs, sont les ustensiles indispensables.

§. II. *Du baquet et de la préparation de la gomme.*

Le *baquet* est en chêne; il a une longueur et une largeur égales à celles de la plus grande feuille de papier, plus quatre pouces (un décimètre) dans chacune des deux dimensions, afin qu'on puisse y travailler à l'aise; la profondeur est de trois pouces (quatre-vingt-un millimètres). Tous les joints et toutes les fentes doivent être solidement mastiqués, afin qu'il soit absolument imperméable à l'eau.

Préparation de la gomme. On verse dans un vase propre un demi-seau d'eau, et l'on y fait dissoudre à froid quatre-vingt-onze grammes (trois onces) de gomme adragante, en remuant de temps en temps pendant cinq à six jours : c'est ici ce que l'on peut appeler l'*assiette ;* c'est la couche sur laquelle se posent les couleurs qui doivent servir à la marbrure, avec laquelle elles ne doivent pas se mêler, comme on le verra par la suite. Cette quantité est suffisante pour marbrer une rame ou 500 feuilles.

On doit toujours avoir en réserve de la gomme dissoute, plus forte que celle que nous venons d'indiquer, afin de pouvoir en augmenter la force, si cela est nécessaire, lorsqu'on en fera l'épreuve, comme nous allons l'expliquer.

§. III. *De la préparation du fiel de bœuf et de la cire.*

On verse dans un plat un fiel de bœuf, auquel on ajoute une quantité d'eau égale à son poids, et l'on bat bien ce mélange; après quoi on ajoute encore dix-huit grammes de camphre, qu'on a fait dissoudre préalablement dans vingt-cinq grammes d'alcool. On bat bien le tout ensemble et l'on filtre au papier Joseph. Cette préparation doit se faire au plus tôt la veille du jour qu'on veut marbrer; sans cela elle risquerait de se gâter.

Préparation de la cire. Sur un feu doux, et dans un vase vernissé, on fait fondre de la cire vierge (cire jaune). Aussitôt qu'elle est fondue, on la retire du feu, et l'on y incorpore petit à petit, et en remuant continuellement, une quantité suffisante d'essence de térébenthine, pour que la cire conserve la consistance du miel. On reconnaît qu'elle a une fluidité convenable, lorsque, en en mettant une goutte sur l'ongle et la laissant refroidir, elle a la fluidité du miel. On ajoute de l'essence lorsqu'elle est trop épaisse.

De même que le fiel de bœuf, la cire ne doit pas être préparée trop long-temps à l'avance; cependant elle se conserve mieux que le fiel.

§. IV. *Des couleurs et de leur préparation.*

On ne doit jamais employer, pour la marbrure, des couleurs extraites des minéraux. Les couleurs végétales et les ocres sont les seules dont on puisse se servir avec succès. Les couleurs minérales sont trop lourdes et ne pourraient pas être supportées à la surface de l'eau gommée. Pour le *jaune*, on prend ou le *jaune de Na-*

ples, ou la *laque jaune de gaude*. Le *jaune doré* se fait avec la *terre d'Italie* naturelle.

Pour les *bleus* de différentes nuances on emploie l'*indigo flore*.

Pour le *rouge*, on se sert ou du *carmin*, ou de la *laque carminée en grains*.

Le *brun* se fait avec de la *terre d'ombre*.

Le *noir* avec le *noir d'ivoire*.

Le fiel seul produit le blanc.

Avec la terre d'Italie, l'indigo flore et la laque carminée, et en les mélangeant, on fait toutes les couleurs composées, telles que les verts, les orangés et les violets. En employant ces trois couleurs sans les mélanger, on fait une très belle marbrure qu'on peut varier à l'infini.

On ne saurait broyer les couleurs trop fin; on les broie à la consistance de bouillie épaisse sur le marbre ou porphyre, avec de la cire préparée, et de l'eau dans laquelle on a versé quelques gouttes d'alcool. Lorsqu'elles sont broyées, on en prend avec le couteau à broyer, on le renverse, et elles doivent tenir dessus. Au fur et à mesure qu'on a broyé une couleur, on la met dans un pot à part; elles doivent être toutes séparées.

Le mélange des couleurs simples, pour en

former des couleurs composées, telles que le vert, par le jaune et le bleu; le violet, par le rouge et le bleu; l'orangé, par le jaune et le rouge, doit être toujours fait sur la pierre à broyer, dans les proportions convenables pour obtenir la nuance qu'on désire. Ce mélange doit être fait en broyant avec la molette, jusqu'à ce que les couleurs simples soient bien incorporées entre elles, et ne présentent plus qu'une seule et même nuance.

§. V. *Préparation du baquet à marbrer.*

On verse, dans le vase qui contient la gomme préparée, qui doit occuper dans le baquet la hauteur de trois à quatre centimètres (quatorze à dix-huit lignes), deux cents grammes (environ cinq gros) d'alun en poudre fine; on bat bien pour dissoudre l'alun. On en prend trois ou quatre cuillerées qu'on met dans un petit pot conique, à confitures, afin de faire les épreuves nécessaires pour s'assurer si l'eau gommée a trop ou trop peu de consistance.

On prend un peu de couleur qu'on a délayée, en consistance suffisante, avec du fiel de bœuf préparé; on en jette une goutte sur la gomme, dans le pot, et on l'agite en tournant avec un petit bâton. Si elle s'étend bien, en formant la volute, sans se dissoudre dans la gomme, celle-ci est assez forte; si, au contraire, la couleur ne tourne pas, l'eau gommée est trop forte, il faut y ajouter de l'eau, et bien battre de nouveau. Si la couleur s'étendait trop, et se dissolvait dans l'eau gommée, on ajouterait de l'eau gommée forte qu'on a en réserve. Toutes les fois qu'on ajoute de l'eau ou de la gomme, on doit bien battre l'eau pour que le mélange soit parfait. A chaque essai que l'on fait, on doit jeter l'essai précédent dans un vase à part, et reprendre de nouvelle eau gommée. Lorsqu'on a rendu cette eau au point de consistance voulu, on la passe au tamis, et on la verse dans le baquet à la hauteur de trois à quatre centimètres, comme nous l'avons dit.

§. VI. *De l'application des couleurs.*

Le baquet ainsi disposé, on colle toutes les couleurs avec le fiel de bœuf préparé, et l'on fait en sorte qu'elles ne soient ni trop consistantes, ni trop liquides. Plus on met de fiel, et plus elles s'étendent sur l'eau gommée. Celle qu'on jette la première est la moins collée, c'est par conséquent celle dans laquelle on a mis le moins de fiel ; celle qu'on jette dessus l'est un peu plus, et ainsi de suite.

Le rouge, par exemple, est ordinairement la première qu'on jette. Toutes les fois qu'on jette une couleur sur une autre, celle-ci est étendue par la dernière qui la pousse de tous les côtés, et plus le nombre des couleurs est considérable, plus la première est étendue et occupe plus de place. Lorsque toutes les couleurs qu'on veut employer sont jetées, et que la surface du baquet en est toute couverte, si l'on veut que la marbrure présente des volutes ; on enfonce le bâton et l'on tourne par-ci par-là, en spirale, afin de déterminer les volutes qu'on désire.

On jette les couleurs avec des pinceaux qu'on peut fabriquer soi-même. On prend pour cela des brins d'osier d'un pied environ (vingt-sept millimètres) de longueur et de cinq millimètres (deux lignes) de diamètre ; d'un autre côté, on a fait choix, pour chaque pinceau, d'une centaine de soies de porc de la plus grande longueur possible ; on arrange ces soies de porc tout autour de l'extrémité la plus mince du brin d'osier, et on les lie fortement avec de la petite ficelle. Ces pinceaux, dont les soies sont longues, ressemblent plutôt à un petit balai qu'à un pinceau.

À l'aide de ces pinceaux, on jette çà et là, sur la surface de la gomme, la première couleur; sur celle-ci une seconde, puis une troisième, etc., de sorte que, en s'étendant, ces couleurs se rapprochent; ensuite on les agite en spirale si on le juge nécessaire. Nous allons en donner un exemple.

Supposons qu'on veuille former une marbrure qu'on désigne sous le nom d'*œil de perdrix*. On a préparé deux sortes de bleu avec l'indigo flore, l'un tel que nous l'avons indiqué plus haut (page 267), et que nous désignerons sous le nom d'indigo n° 1; l'autre, qui est le même indigo qu'on a mis dans un vase à part, et auquel on a ajouté une plus grande quantité de fiel préparé, que nous désignons par le n° 2. On jette, 1°. la laque carminée; 2°. la terre d'Italie; 3°. l'indigo flore n° 1; 4°. l'indigo flore n° 2, auquel on ajoute, avant de le jeter, deux gouttes d'essence de térébenthine qu'on remue bien, puis on agite en volute lorsque cela est nécessaire.

Le bleu n° 2 fait étendre toutes les autres couleurs, et donne ce bleu clair pointillé qui produit un si joli effet. C'est à la seule essence de térébenthine qu'est due cette propriété. On peut incorporer cette essence dans toutes les couleurs qu'on se proposera de jeter les dernières; elle serait sans effet si on l'avait incorporée dans les précédentes.

La plupart des marbreurs de papier n'emploient aucun instrument intermédiaire entre les mains et la feuille, et sont exposés par là à la déchirer, ce qui leur arrive quelquefois, mais nous connaissons un marbreur ingénieux qui a imaginé un instrument simple qui facilite le travail en le garantissant de tout accident. Nous ne pouvons nous défendre d'en donner ici la description.

Deux petites planches minces de sapin, de forme rectangulaire, de six pouces de large, et d'une longueur égale à la largeur de la feuille de papier, sont unies ensemble, par-derrière, par un petit liteau mince de l'épaisseur de trois millimètres : ce liteau a tout au plus quatorze à quinze millimètres de large (environ six lignes). Ces trois pièces sont clouées ensemble. Sur le devant et à cinq à six lignes du bord, est solidement fixée sous la planche mince inférieure, une petite plaque de cuivre qui porte perpendiculairement à sa surface une vis qui traverse les deux planches et s'élève de huit à neuf lignes à peu près au-dessus de la surface supérieure de celles de dessus. Une règle de la longueur de cette planche et d'un pouce de large, est traversée dans son milieu par la vis, qui est surmontée par un écrou qui se tourne facilement à la main et qui est très léger. La règle porte vers ses deux extrémités une goupille qui, entrant dans des trous pratiqués dans la planche, s'oppose à ce qu'elle tourne, de sorte qu'elle est toujours parallèle au côté extérieur de la planche du bord de laquelle elle est éloignée d'une ligne.

Pour la promptitude du service, cet ouvrier a une douzaine de ces outils, dont deux sont nécessaires pour marbrer une feuille de papier. Un petit aide lui prépare les feuilles; il place un de ces outils à chaque bout de la feuille, qui ne peut entrer que de trois lignes dans chacun. Il serre l'écrou légèrement, la feuille est suffisamment pressée, elle est tenue dans toute sa longueur et ne peut bouger. Le petit aide a toujours soin de placer les outils de manière à ce que les écrous soient constamment en l'air.

L'ouvrier prend un de ces outils de chaque main, il tend la feuille et la plonge horizontalement sur la surface du baquet, il enfonce légèrement et retire de suite tout l'appareil : la feuille est marbrée. Il donne le tout à un second aide qui pose la feuille sur les cordes de l'éten-

doir, et détache les outils en détournant un peu
les écrous ; il les rapporte sur la table où l'autre
aide dispose les feuilles. Par ce moyen, l'ouvrier
va d'une vitesse inconcevable. Au fur et à mesure que les couleurs s'épuisent, il en jette de
nouvelles, sans enlever celles qui restent. Cela
change continuellement les dispositions de la
marbrure.

On peut varier à l'infini les marbrures des
feuilles, cela dépend du goût du marbreur, du
rang qu'il donne aux couleurs qu'il emploie, du
nombre de couleurs dont il se sert, et de la manière dont il les agite avec le bâton. On fait aujourd'hui des gris sur gris qui sont très recher-
chés.

CHAPITRE IV.

DES PAPIERS COLORÉS A LA PLANCHE.

INDÉPENDAMMENT des papiers dont nous venons de parler, on en fabrique aussi dont les
uns imitent l'indienne, d'autres la cotonnade,
d'autres le racinage ; enfin on en trouve dans le
commerce destinés à écrire des lettres, soit que
le cadre soit peint, ou qu'on se soit contenté de

peindre le frontispice. Tous ces papiers se font de la même manière, et par deux procédés différens.

1°. Ceux qui imitent l'indienne et la cotonnade, les petites fleurs, etc., s'impriment à l'aide de planches, par le même procédé que nous avons décrit pour les papiers de tenture; c'est même le moyen le plus sûr, le plus exact et le plus économique.

2°. Ces mêmes papiers se peignent quelquefois avec des moules ou cartons découpés, et qui, de même que les planches, portent des repères. On a autant de ces cartons qu'il y a de couleurs différentes à poser. On place les couleurs avec un pinceau.

3°. Les racinages et le papier écaille se font toujours avec des planches, et par les mêmes procédés et les mêmes couleurs que le papier à tenture, sur des fonds fauves, imitant la couleur de la peau de veau, ou sur des fonds de couleurs tendres. Pour l'écaille, on n'emploie que trois couleurs, le blanc jaunâtre, le rouge brun et le brun. Il faut trois planches habilement gravées pour imiter la nature. Le papier n'a pas de fond; il est bien collé.

4°. Les frontispices des lettres, ou les cadres

au milieu desquels on doit écrire, se tracent souvent à la main et au *ponsif*, qu'on enlumine ensuite; mais ils sont plus réguliers et mieux dessinés lorsqu'on fait graver au trait des planches sur cuivre, et que l'on fait tirer ensuite par l'imprimeur en taille-douce, avec une encre très peu noire. On les donne après cela à l'enlumineuse, qui pose les couleurs avec plus ou moins de perfection et de goût, qu'on la paie plus ou moins cher.

CHAPITRE V.

DES PAPIERS MAROQUINÉS.

LES papiers maroquinés servent au relieur pour la couverture des livres, de même que les papiers marbrés, les racinages et le papier écaille. Ils sont toujours polis et lustrés.

M. Fortin, à Paris, est celui qui a le mieux réussi pour la fabrication du papier maroquiné. Son brevet est expiré, il est tombé dans le domaine public. En voici la copie.

§. I. *Composition de la laque rouge.*

Dix livres du meilleur bois de Brésil moulu,

dix onces de cochenille pilée, soixante litres d'eau de rivière naturelle, dans une chaudière, pour la réduire à moitié; y ajouter au premier bouillon trente gros d'alun de Rome : tirer cette première décoction à part; jeter sur le marc du bois de Brésil et de cochenille, quarante autres litres d'eau; ajouter au premier bouillon trente autres gros d'alun de Rome; faire réduire le tout à moitié; tirer cette décoction dans le premier vase, et recommencer une troisième fois la même opération que la seconde. Cette troisième faite, on passera à la quatrième, et au lieu d'alun de Rome, on mettra trois onces de crême de tartre en poudre, On mêlera ces quatre décoctions, on laissera bien déposer; ensuite on décantera, et l'on versera dans la liqueur décantée le muriate d'étain dont il va être question, ayant soin de le verser modérément, tandis qu'une autre personne remuera fortement, avec une spatule, la décoction de couleur.

§. II. *Composition du muriate d'étain.*

Huit livres de la meilleure eau-forte (acide nitrique) dans un vase de verre; huit onces de sel ammoniac, huit pincées de sel marin, qu'on laisse macérer pendant cinq heures. On y fait

24

dissoudre, en le projetant peu à peu, deux livres d'étain fin effilé. Cette composition est alors préparée ; on la réserve pour précipiter les couleurs.

Douze heures après que le muriate d'étain a été versé dans la décoction de couleur, il faut en retirer l'eau claire surnageante, et y remettre de l'eau de rivière en même quantité, et répéter six fois, de douze heures en douze heures, cette même opération : ensuite on jette la laque sur une toile pour en extraire l'eau surabondante ; elle sert pour colorer le papier, comme il sera dit ci-après.

§. III. *Préparation du bain pour l'encollage du papier vélin, soit grand-raisin, soit carré ou couronne.*

Une livre d'amidon, avec une livre de laque ci-dessus, un seau d'eau de rivière naturelle : cuire pendant une heure à petit bouillon, se servir de cet encollage pour colorer le papier proprement des deux côtés.

§. IV. *Deuxième bain deux fois répété sur le même côté.*

Quatre livres de laque, trois quarts de vermillon, un quart d'amidon, et huit litres d'eau de gomme adragante légère : faire cuire le tout l'espace de dix minutes, se servir à tiède dudit bain sur l'un des deux côtés de l'encollage décrit ci-dessus : on peut l'employer aussi à froid, mais les pores du papier prennent moins de couleur.

§. V. *Troisième et dernier bain.*

Trois livres de laque, un quart d'amidon, seize litres de gomme adragante : faire cuire comme ci-dessus; en donner la dernière couche; ensuite on passe au vernis, comme il sera dit ci-après.

§. VI. *Autre préparation de laque rouge, en supprimant la cochenille, désignée en l'article premier.*

On y ajoute un quarteron de bois de Brésil, en remplacement de l'once de cochenille par livre de bois; on exécute le même procédé pour la cuisson de la couleur et l'addition du muriate d'étain, et l'on obtient une laque rouge tirant moins sur le violet.

En suivant les mêmes procédés, et ajoutant trois grosses noix de galle pilées, on obtient une laque rouge plus rembrunie.

§. VII. *Autre composition de bain pour le papier maroquiné.*

Deux livres de vermillon, quatre livres de laque de l'une des trois compositions, un quart d'amidon, seize litres d'eau de gomme adragante légère : faire cuire le tout l'espace de dix minutes, et donner une couche de ce bain sur un des côtés d'encollage, soit qu'on se serve de ce bain à tiède, soit à froid.

On obtient un très beau papier, en ne lui donnant que deux couches l'une après l'autre, après les encollages. Nous venons d'indiquer le premier bain; voici la composition du second :

Trois livres de laque, un quart d'amidon et seize pintes de gomme adragante légère.

§. VIII. *Composition de l'eau de gomme adragante.*

Une demi-livre de gomme adragante sur deux seaux d'eau de rivière.

Il est bon d'observer que les couleurs sont faciles à varier, et qu'on leur donnerait un ton plus brillant, si le carmin n'était pas si cher : il donnerait un plus beau rouge.

§. IX. *Composition du vernis qui sert à donner le brillant à toutes les couleurs de maroquin.*

Six douzaines de pieds de mouton dans quatre seaux d'eau de rivière, à bouillir pendant douze heures à petit feu, pour en tirer une forte gelée; la passer à la chausse de laine : faire dissoudre dans cette eau quatre onces de gomme adragante et quatre livres de colle-forte, la plus blanche; repasser le tout dans la chausse de laine, et se servir de ce vernis pour couvrir les couleurs avec une éponge fine et à chaud. Pendant long-temps je me suis dispensé d'employer la gomme.

Ensuite on procède au maroquinage; sur une planche de cuivre gravée, sous une presse à cylindre, et dont le grain maroquin peut être plus fort ou plus faible.

§. X. *Composition du bain pour le bleu hirondelle.*

Faire les encollages ordinaires comme pour le rouge, adaptant chaque couleur aux encollages. Ceci est commun pour toutes les couleurs qui suivent.

Préparation du bain : Dix livres de bleu de Prusse, deux livres de laque rouge, deux litres de gomme adragante légère, six litres d'eau de rivière, et quatre onces de bleu de vitriol (1), le tout bien amalgamé ensemble, et répéter deux fois successivement le même bain sur un des deux côtés de l'encollage ; procéder ensuite au vernis, puis passer à la presse.

§. XI. *Composition du bain pour le bleu-de-roi.*

Après les encollages ordinaires,

Pour le premier bain : cinq livres de bleu de Prusse, trois onces de sulfate d'indigo, et trois litres d'eau de rivière.

Pour le deuxième bain : cinq livres de bleu de Prusse, trois litres d'eau de rivière.

Troisième et dernier bain : cinq livres de bleu de Prusse, trois onces de sulfate d'indigo, trois litres d'eau de rivière, et un litre d'eau de gomme adragante ; enfin le vernis, et passer à la presse.

§. XII. *Composition du bain pour le vert.*

Après les encollages ordinaires,

Bain : prendre la décoction de teinte de graine

_____

(1) *Le bleu de vitriol* dont parle ici l'auteur, est de l'indigo dissous dans l'acide sulfurique, que nous avons nommé *sulfate d'indigo* (voyez p. 160).

d'Avignon, c'est-à-dire faire bouillir trois livres de graines d'Avignon sur un seau d'eau réduite au moins à moitié; ajouter au premier bouillon quatre onces d'alun de Rome; passer cette décoction au tamis, et lorsqu'elle est froide, y ajouter trois livres de bleu de Prusse, quatre onces de sulfate d'indigo, et donner deux couches sur un des côtés de l'encollage.

Et pour avoir un vert clair, on ne donne qu'une couche de ce bain sur l'encollage; ensuite le vernis, et passer à la presse.

§. XIII. *Préparation du bain pour le violet.*

Après les encollages ordinaires, une livre de bois d'Inde sur six litres d'eau, deux onces d'alun de Rome, au premier bouillon, le tout réduit à moins de moitié; passer la décoction au tamis, y ajouter un tiers d'eau de gomme adragante, donner deux couches sur un des côtés d'encollage, et une couche de pareille décoction sans gomme adragante pour la troisième; le vernis ensuite, et passer à la presse.

Pour avoir un violet plus clair, on supprime une des couches où il y a de la gomme adragante.

§. XIV. *Préparation du bain pour le jaune.*

Faire bouillir huit litres de lait, les jeter sur un litre de *terra merita*, brasser et laisser infuser une demi-heure, ensuite passer au tamis de soie, et se servir de cette décoction deux fois après les encollages ordinaires ; le vernis, puis passer à la presse.

§. XV. *Préparation d'un nouveau vernis qu'on peut employer sur les papiers maroquinés de toutes couleurs.*

Une demi-livre de gomme arabique fondue dans un verre d'eau de rivière ; une once de sucre candi fondu dans pareille quantité d'eau ; un décilitre d'eau-de-vie à 22 degrés, un blanc d'œuf battu, le tout amalgamé ensemble pour en vernir les papiers chargés de couleurs.

§. XVI. *Préparation du papier noir maroquiné, et brossé à la manière anglaise, portant avec lui son vernis.*

Une livre de noir d'Allemagne dissous dans deux décilitres d'au-de-vie, un litre et demi d'eau de rivière, et deux onces de savon de Marseille, le tout bouilli pendant une demi-heure dans un vase de terre vernissé.

Après refroidissement, broyez cette pâte sur marbre, avec quatre onces de colle de farine et cire jaune fondues ensemble, une once de sucre candi fondu dans un verre d'eau, une once de gomme arabique, et gros comme une noix de fleur de soufre; ensuite ajoutez deux blancs d'œufs battus et quatre onces de colle de peau blanche. L'on se sert de ce bain pour couvrir le papier des deux premières couches.

Autre préparation pour le dernier bain. Une demi-livre de noir de fumée le plus fin, bouilli avec les mêmes ingrédiens et en même quantité que pour le noir d'Allemagne; et après refroidissement, broyez sur marbre cette pâte avec les mêmes ingrédiens et en même quantité que pour la préparation ci-dessus du noir d'Allemagne, et donnez une seule couche de ce bain sur les deux précédentes.

Après quoi on procède à battre ce papier sur le marbre avec un marteau d'acier, ainsi que s'en servent les relieurs et les batteurs d'or, et on le broie pour lui donner le lustre sans vernis.

XVII. *Préparation des matières opaques pour les papiers de couleur.*

Quelle que soit la couleur qu'on veut mettre

sur le papier, soit blanc, soit violet, soit hortensia, etc., etc., etc., il est bon de faire observer que l'on peut plus ou moins foncer ces couleurs, suivant le goût des personnes.

Une livre de beau blanc de plomb, une once de talc de Venise superfin, une once de cire vierge fondue dans de la colle de farine, demi once de sucre candi fondu dans un verre d'eau, broyez le tout très fin sur le marbre, et ajoutez deux blancs d'œufs battus, avec une demi-once de gomme arabique blanche fondue dans un peu d'eau, un décilitre d'eau-de-vie ou le jus d'un citron. L'on ajoute telle quantité de couleur, soit rouge, rose ou violette, etc., etc., etc., selon le goût du consommateur. Enfin l'on éclaircit le bain à volonté avec de l'eau de rivière.

Nota. L'encollage dont nous avons parlé dans ce paragraphe, et qui est l'opération préliminaire, que l'on peut regarder aussi comme la préparation du papier pour le rendre apte à recevoir et à retenir la couleur, se fait de la manière suivante :

On prend de la colle de Flandre bien transparente qu'on fait dissoudre dans de l'eau de rivière; on fait cette colle légère. On se sert aussi avec avantage de la colle légère faite avec de rognures de peau blanche ou de parchemin. On la passe à travers un tamis pour la débarrasser de toutes les parties étrangères ou non liquides, et l'on obtient, par ce moyen, une colle très blanche, et qui ne peut pas altérer la nuance des couleurs tendres ou délicates que l'on peut placer dessus.

On fait chauffer la colle de manière à la rendre bien liquide, et à l'aide d'une brosse ronde, à longs poils, que l'on tient de chaque main, on passe la colle bien rapidement, et l'on unit la colle en passant dessus une brosse longue, semblable à celle dont on se sert pour balayer les appartemens.

Lorsque la colle est passée bien également sur la feuille, on la met à l'étendoir pour la faire sécher, et ce n'est que lorsqu'elle est parfaitement sèche, qu'on y passe la couleur, comme nous l'avons indiqué.

CHAPITRE VI.

DES PAPIERS DORÉS, ARGENTÉS, GAUFRÉS ET VERNIS.

On dore et on argente les papiers de plusieurs manières, c'est-à-dire qu'on couvre en entier l'une des deux surfaces avec de l'or ou de l'argent en feuille, de sorte qu'elles représentent une surface totalement métallique; ou bien on ne dore ou l'on n'argente que par places sur un fond de couleur, et cette dorure présente alors divers dessins, ordinairement en relief. Nous allons diviser ce Chapitre en quatre paragraphes, par lesquels nous terminerons ce Manuel.

§. Ier. *Des papiers entièrement dorés ou argentés.*

Les feuilles de papier sont d'abord encollées de la même manière que nous l'avons indiqué, page 256, avec la même colle dont se sert le fabricant de papiers peints, et dont on a parlé, page 257. Après l'encollage, on fait sécher chaque feuille sur les cordes de l'étendoir, avec les précautions que nous avons décrites, page 258.

Les feuilles qui sont destinées à la dorure sont ensuite couvertes d'un fond jaune doré, qu'on passe bien uniformément, et qu'on place sur les cordes de l'étendoir afin de les faire bien sécher. Ensuite on les lisse, et on les satine avec beaucoup de soin. Ces manipulations ont été décrites dans la fabrication du papier à tenture, p. 259.

Ces opérations terminées, on passe, légèrement sur toute la surface du fond, de l'huile de lin siccative, qu'on étend uniformément avec un petit tampon, de manière que la surface en soit parfaitement couverte, mais qu'il n'y en ait qu'une très faible épaisseur. On laisse sécher jusqu'à ce qu'il ne reste à l'huile que l'humidité nécessaire pour happer l'or. Il faut être très exercé pour bien saisir ce moment. Si l'huile était trop sèche, l'or n'y prendrait pas; si elle ne l'était pas assez, elle suinterait à travers l'or et formerait des taches.

Lorsque la dessiccation est arrivée au point convenable, l'ouvrier pose avec précaution une feuille d'or sur le coussinet; il la coupe à bandes s'il ne se sent pas assez d'adresse pour la poser en entier sur la feuille de papier, en l'étendant parfaitement avant de la fixer. S'il la coupe par bandes, il prend chacune de ces bandes, soit avec le *bilboquet*, soit avec le *papier pâte*, ou une *carte dédoublée*; il porte cette bande d'or sur le bord de la feuille, une seconde à côté de celle-ci; il étend bien la première avec un peu de coton en rame, et place la seconde de manière à joindre bien la première, et même à en couvrir tant soit peu le bord, plutôt que de laisser un vide. Il les assujettit au fur et à mesure avec le coton, et continue jusqu'à ce que la sur-

25

face en soit toute couverte. Alors il pose une feuille de papier blanc dessus, et, avec la paume de la main, il appuie partout sans laisser glisser le papier. Il met la feuille sur l'étendoir et laisse sécher pendant plusieurs jours, afin d'être bien assuré de sa parfaite dessiccation.

Alors on la brunit avec la lisse à cylindre métallique bien poli, en ayant soin de placer une feuille de papier blanc mince entre le cylindre et l'or, et en faisant attention que le papier ne glisse pas.

Pour argenter, l'opération est la même à l'exception du fond et du mordant. Après l'encollage on donne le fond avec du blanc de plomb à la colle; après avoir bien fait sécher, avoir lissé et satiné, on passe le mordant avec un pinceau doux. Ce mordant n'est autre chose qu'un blanc d'œuf bien délayé dans un cinquième de litre d'eau; il sert d'*assiette*, et l'on pose l'argent de suite. On laisse bien sécher, et on lisse comme nous l'avons prescrit pour l'or.

Les deux opérations que nous venons de décrire sont délicates; il faut, comme nous l'avons dit, une main bien exercée pour réussir parfaitement.

Lorsque les feuilles sont bien desséchées, et

avant de les lisser, on enlève avec une pincée de coton, en rame, l'or ou l'argent qui s'était superposé pendant l'opération, qui se détacherait n'étant pas collé, et tomberait en pure perte. Il ne faut pas se servir du même tampon de coton pour frotter l'or et l'argent. Il en faut un particulier pour chacun, que l'on conserve séparément pour les brûler ensuite et en retirer d'un côté l'or, et de l'autre l'argent qu'ils contiennent.

§. II. *Des papiers dont les ornemens seulement sont dorés ou argentés.*

On trouve dans le commerce des feuilles de papier coloré dont une des surfaces est couverte d'ornemens, et même de figures, dont les traits sont dorés. Ces papiers se fabriquent en Allemagne; nous ne savons pas qu'on ait élevé en France aucune manufacture de ce genre.

Les premières opérations qu'on fait subir à ces feuilles sont les mêmes que celles que nous avons décrites dans le paragraphe précédent, à quelques différences près. Comme il est très rare que la dorure soit appliquée sur du papier blanc, qui ne releverait pas assez la dorure, et sur lequel l'argent ne paraîtrait pas, on prend du papier coloré en pâte, dans la cuve, au moment de la fabrication. C'est ordinairement le rouge ou le bleu.

On colle le papier, comme nous l'avons indiqué, et par les mêmes procédés, et, après que la colle a été parfaitement séchée, on passe sur une de ses surfaces une couleur aussi conforme qu'il est possible à la couleur et à la nuance du papier. On lisse à l'envers, après une dessiccation parfaite; on satine à l'endroit, en suivant les mêmes procédés que nous avons décrits pour le papier à tenture.

Ces préalables remplis, on étend la feuille sur un établi couvert d'une étoffe de laine, on recouvre la feuille d'un patron découpé selon le contour des figures ou des ornemens qui doivent être couverts d'or ou d'argent. A l'aide d'un pinceau doux, on passe sur ces places, mises à découvert, le mordant composé d'un blanc d'œuf bien délayé dans un cinquième de litre d'eau. On enlève le patron, et l'on pose de suite l'or ou l'argent sur les places couvertes de mordant; on l'assujettit par une pincée de coton en rame, et on laisse sécher.

Lorsque le papier est bien sec, on étend la feuille sur une planche de bois couverte de drap, on pose dessus une planche, en cuivre jaune, gravée en relief, et portant tous les dessins, les personnages et les ornemens qu'on veut représenter. Cette planche est exactement de la grandeur de la feuille; on la fait chauffer sur la plaque de fer qui surmonte un fourneau destiné à cet usage. La planche doit être modérément chauffée; on l'éprouve en jetant dessus quelques gouttes d'eau en plusieurs endroits; elle doit s'évaporer sans bouillonner. On pose cette planche sur la feuille sans la laisser glisser, ce qui gâterait le dessin. Pour cela, deux ouvriers armés de tenailles à chaque main prennent ensemble la planche par les deux côtés opposés, et la déposent en même temps sur la feuille qui la couvre presque entièrement en laissant apercevoir une petite marge égale tout autour.

On transporte le tout sous la vis de la presse, on serre la vis avec modération, et on dépresse sur-le-champ : la dorure n'a été fixée qu'aux places que la gravure a touchées. On retire la feuille de papier, et un ouvrier enlève avec le coton en rame tout l'or qui n'a pas été fixé. Il en est de même pour l'argent. Cet or et cet argent, recueillis séparément, sont, comme dans le paragraphe précédent, conservés à part pour le retirer lorsqu'on en aura une assez grande quantité.

Cette opération terminée, on vernit la feuille comme on le verra dans le paragraphe IV qui va bientôt suivre.

§. III. *Des papiers gaufrés.*

On entend par papiers gaufrés des papiers sur lesquels on voit des ornemens de toute espèce en bas-relief. Ces papiers sont quelquefois blancs, quelquefois coloriés, d'autres fois dorés ou argentés. Ils sont ordinairement plus épais que le papier ordinaire ; ce sont deux feuilles de papier collées l'une sur l'autre, que l'on coupe le plus souvent en petites parties pour en faire des cartes de visite.

Lorsque le papier doit conserver sa blancheur, on colle la feuille, on la couvre d'une couche de blanc de plomb à la colle, on la lisse, on la satine comme le papier à tenture, on la vernit, on la gaufre, c'est-à-dire qu'avant que le vernis soit totalement sec, et qu'il conserve un peu de moiteur, on la soumet à froid sous l'action d'une bonne presse, après qu'on l'a recouverte d'une planche de cuivre gravée en creux. La feuille, comme dans le paragraphe précédent, est posée sur une planche de bois recouverte de drap. On laisse sécher entièrement le papier sous la presse avant de le retirer.

Si le papier doit être coloré après l'avoir collé, au lieu d'une couche de blanc de plomb, on y passe une couche de la couleur qu'on désire en employant les couleurs que nous avons indiquées pour le papier à tenture.

§. IV. *Des papiers vernis.*

On applique deux sortes de vernis sur le papier selon sa destination.

1°. L'un de ces vernis, faussement désigné sous ce nom, n'est autre chose qu'une liqueur qui n'a par elle-même aucun brillant, mais qui en prend par l'action de la lisse et par le frottement du verre bien poli qui aplanit les surfaces, fait disparaître les pores à la simple vue, et présente une surface brillante. Ce poli se pratique sur presque tous les papiers dont nous avons parlé dans la seconde partie de ce *Manuel.* En voici le procédé :

On prend deux cent quarante-cinq grammes (une demi-livre) de gomme arabique, dissoute à froid dans un décilitre d'eau ; on y ajoute trente-un grammes (une once) de sucre candi dissous dans une même quantité d'eau, un décilitre d'eau-de-vie à vingt-deux degrés, et un blanc d'œuf battu. Le tout, bien mélangé, est passé légèrement, avec une brosse ronde à poils très doux et très flexibles, sur toute la surface du papier. On laisse bien sécher; on lisse ensuite au lissoir en verre.

2°. L'on applique un vernis, proprement dit, c'est-à-dire une dissolution de résine dans l'alcool, sur les papiers de tenture, afin de conserver la fraîcheur de leurs nuances. Ce vernis doit être sans couleur, et faire fonction de glace. Voici la recette donnée par Tingry :

On prend cent quatre-vingt-trois grammes (six onces) de mastic mondé, quatre-vingt-onze grammes (trois onces) de sandaraque en poudre fine; on mélange cette poudre avec cent vingt-deux grammes (quatre onces) de verre blanc pilé grossièrement, dont on aura séparé la portion la plus fine par un tamis de crin croisé. On met le tout dans un ballon à col court, et l'on verse dessus un demi-kilogramme d'alcool pur. On chauffe pendant deux heures au bain-marie, en remuant continuellement avec un bâton arrondi par le bout; on fait bouillir pendant tout le temps légèrement; on laisse reposer, puis on décante. La liqueur claire est le vernis.

On colle le papier, tendu et collé sur le mur, avec de la colle de farine bien claire, et on laisse sécher. Le pinceau pour la colle et pour le vernis doit être doux et flexible. Lorsque la colle est bien sèche, on passe le vernis, qui devient parfaitement brillant. Si l'on n'eût pas collé avant, le vernis aurait fait des taches.

§. V. *Des moyens de séparer l'or et l'argent du coton qui a servi à la dorure et à l'argenture.*

On place dans une terrine de grès les cotons qui ont servi à la dorure, et dans une autre ceux qui ont servi à l'argenture; on introduit le tout dans un poêle ou bien sur un feu doux pour les bien dessécher; on y met le feu ensuite, et on laisse brûler, en y en ajoutant de nouveaux au fur et à mesure qu'ils se brûlent. Lorsque le tout est bien réduit en cendres, on y mêle une quantité suffisante de borax en poudre, selon la quantité de cendres qu'on a. On plie le tout dans une feuille de papier qu'on lie avec une ficelle ; on met le tout dans un creuset, qu'on fait chauffer au milieu des charbons ardens; on couvre le creuset, et l'on pousse le feu jusqu'à ce que le creuset soit rouge au blanc; l'or se fond et se rassemble en culot au fond du creuset. Lorsque le tout est froid, on retire le métal. On opère de même pour l'argent, mais séparément.

Les laveurs de cendres agissent différemment, et il n'entre pas dans notre plan de parler d'un art étranger à celui dont nous traitons, et qui serait d'autant plus inutile au fabricant de papiers dorés ou argentés, qu'il lui serait presque impossible de l'exécuter. Nous lui conseillerons même d'avoir recours à ces artistes. Nous lui proposerons un moyen de s'assurer, à peu de chose près, de la fidélité de ces ouvriers. Ce serait d'acheter un kilogramme de coton cardé, qu'il conserverait à part dans un état de grande propreté, et qu'il n'emploierait religieusement qu'à la dorure. Lorsque le coton serait tout employé, il le pèserait, et le poids dont il surpasserait le kilogramme serait sans contredit celui de l'or, à peu de chose près. Il faudrait cependant qu'il eût soin de tenir proprement le coton employé, afin qu'il ne s'y mêlât aucune ordure; car, sans ces précautions, son calcul approximatif pourrait être très erroné.

Ce que nous avons dit pour l'or est parfaitement applicable à l'argent; car ces deux métaux doivent être traités chacun séparément.

FIN DU MANUEL DU FABRICANT DE PAPIERS PEINTS.

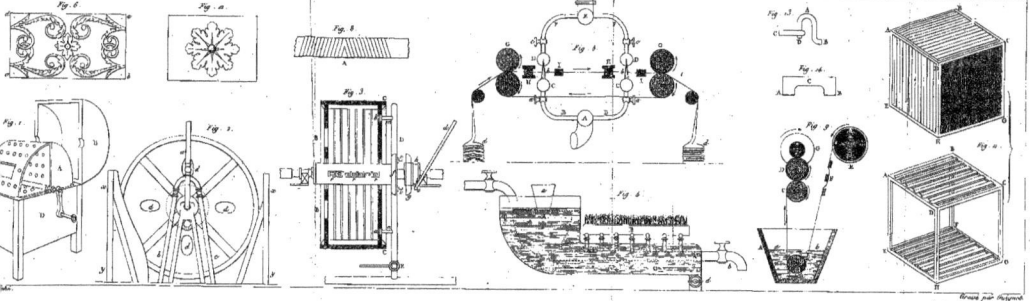

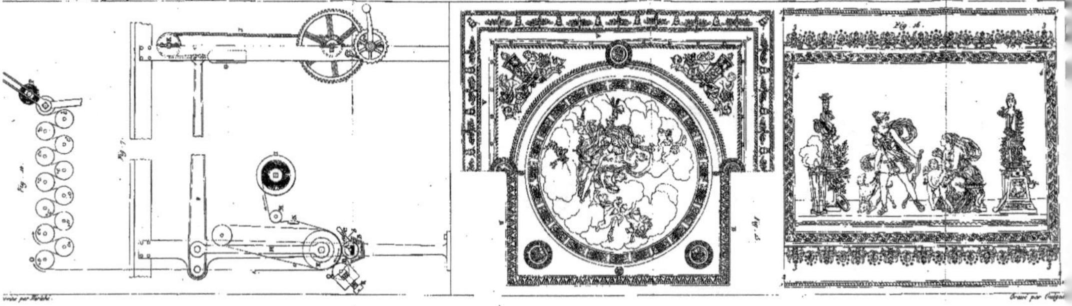

Fig. 1.

Fig. 2.

Fig. 3.

Fig. 4.

DESCRIPTION DES FIGURES

Figure 1, *Planche* I. Première machine à laver les étoffes. Elle a été décrite dans tous ses détails, aux pages 6, 7 et 8.

Fig. 2, *Pl.* I. Deuxième machine à laver les étoffes. On la trouve décrite aux pages 8, 9, 10 et 11.

Fig. 3, *Pl.* I. Troisième machine à laver les étoffes. On en trouve la description aux pages 11, 12, 13 et 14, de même que celle du levier d'*embréage* et de *débréage*, aux pages 13 et 14.

Fig. 4, *Pl.* I. Machine à opérer le grillage des étoffes par l'esprit de vin, dont la description se trouve aux pages 15 et 16.

Fig. 5, *Pl.* I. Appareil pour le grillage des étoffes par le gaz hydrogène, dont la description se trouve aux pages 16, 17, 18, 19 et 20.

Fig. 6, *Pl.* I. Modèle des planches ou blocs pour l'impression des étoffes. On y distingue les quatre repères *a*, *b*, *c*, *d*, placés aux quatre angles de la planche. On y voit de même com-

ment il faut disposer le dessin, afin que les tiges
qui doivent se prolonger en longueur et en largeur sur la pièce puissent se raccorder facilement à l'aide des repères. (*Voyez* les pages 30,
31, 32 et 33.)

Fig. 7, *Pl.* II. Machine à imprimer au cylindre
gravé. La description en est très détaillée aux
pages 42 à 46, et aux pages 49 et 50.

Fig. 8, *Pl.* I. Petite planche cannelée, vue de
face, afin de montrer la direction des cannelures. Elle est représentée ici séparément sur une
échelle au moins double de celle que l'on voit
au point N, de la *fig.* 7, qui en représente le
profil. Cette planche sert à tendre, sur leur largeur, les toiles qu'on imprime, afin qu'en passant
sur le cylindre gravé, elles ne présentent aucun
pli, ce qui gâterait l'impression. (*Voyez-en* la
description à la page 46.)

Fig. 9, *Pl.* I. Machine à imprimer les étoffes de
mordant, dont la description detaillée se trouve
aux pages 58 et 59,

Fig. 10, *Pl.* II. Machine à sécher les étoffes,
dont la description se trouve de la page 65 à
la page 70. Cette machine, qui est placée au-
dessus de la machine à imprimer au cylindre
gravé, *fig.* 7, et dans l'étage supérieur, est des-

tinée à sécher suffisamment les toiles imprimées, pour qu'on puisse, sans danger de *coulage*, y placer les mordans ou les couleurs d'application immédiatement après ce séchage. Cet appareil est aujourd'hui généralement employé.

Fig. 11, *Pl.* I. Les deux figures, qu'on voit ici sous le même numéro, représentent le même objet, un instrument dont les teinturiers en coton se servent pour teindre à froid les calicots. Cet instrument se nomme *cadre*.

La fig. P. montre le *cadre* à nu, c'est-à-dire prêt à servir, ou débarrassé du calicot. La *fig.* S, fait voir le même *cadre*, portant la toile.

Chaque cadre est formé de plusieurs pièces ajustées à tenons et mortaises; il est entièrement en bois. Le cadre supérieur A, B, C, D, et le cadre inférieur E, F, G, H, sont construits de la même manière; quatre liteaux, qui forment un carré ou un rectangle, dont les deux côtés A, B, et C, D, sont un peu plus longs intérieurement que la largeur de la pièce la plus large. Ils sont traversés dans le même sens par d'autres liteaux de six lignes au moins d'épaisseur, arrondis par dehors, afin que l'étoffe, qui doit y être fortement tendue, ne rencontre pas un angle vif qui pourrait lui nuire. Ces liteaux sont fixés

à tenons et à mortaises dans les deux côtés la-
téraux A, D, et B, C. Ce que nous avons dit
pour ce cadre supérieur s'applique aussi au cadre inférieur.

Ces deux cadres sont réunis par quatre montans A E, B F, C G, D H, assez longs pour que
la plus longue pièce y soit contenue sans être
obligé de doubler les épaisseurs.

Aux quatre coins supérieurs A, B, C, D,
sont solidement fixés quatre crochets en fer,
destinés à recevoir quatre cordons qui se réunissent par un nœud à une corde qui passe sur
une poulie fixée au plancher, et par laquelle on
suspend la machine entière au-dessus de la cuve
dans laquelle on la plonge. On n'a dessiné dans
la figure, ni les crochets, ni la corde, afin de ne
pas la rendre confuse. (*Voyez* pages 110 et
suivantes, et page 177.)

Fig. 12, *Pl.* I. Planche en cuivre pour l'impression des étoffes de laine, pour ameublement.
(*Voyez* page 131.)

Fig. 13, *Pl.* I. Robinet à siphon. Ce robinet
ne diffère des robinets ordinaires que par sa clef
D, A, B; il se fixe par la partie C, au bas du
fond du vase auquel on veut l'appliquer. Lorsqu'il est tourné, comme le montre la figure, il

est ouvert, mais il ne donnera du liquide qu'autant que celui qui est contenu dans le vase s'élevera au niveau de A; et si la branche A B, est plus longue que la branche D A, il épuisera à peu de chose près tout le liquide qui est contenu dans le vase, comme un siphon qu'on a amorcé. Dans ce cas, il s'amorce lui-même. (*Voyez* page 179.)

Fig. 14, *Pl.* I. Tasseau ou *Traceau*, comme l'appellent les ouvriers. C'est une pièce en bois d'environ trois pouces d'épais, dont on voit ici la coupe; les deux parties A, B, appuient en travers sur la planche à imprimer; le levier, au bout duquel s'exerce l'imprimeur, porte en C. De A en B, il y a huit à dix pouces. (*Voyez* pages 47 et 48; pages 2o5 et 2o6.)

Fig. 15, *Pl.* II. Plafond en papier peint, représentant la toilette de Vénus. (*Voyez* p. 246.)

Fig. 16, *Pl.* II. L'un des tableaux de la collection mythologique, exécutée en papier peint, représentant Vénus et Diane. (*Voyez* page 247.)

FIN DE L'EXPLICATION DES PLANCHES.

VOCABULAIRE

DES MOTS TECHNIQUES EMPLOYÉS DANS L'ART DE
L'IMPRIMEUR SUR TOUTES SORTES D'ÉTOFFES
TISSÉES, ET DANS L'ART DE LA FABRICATION DES
PAPIERS PEINTS.

A.

ACCROCHER. C'est un terme d'atelier qui s'emploie, par les ouvriers, pour indiquer qu'il faut placer sur l'étendoir une pièce de toile ou un rouleau de papier, afin de le faire bien sécher entre les diverses opérations. On met une baguette dans la rainure du *ferlet*, on y place, dessus, la pièce à cheval, et on la pose avec la baguette sur l'étendoir. Alors elle est accrochée.

ACIDES. Les combinés auxquels on donne ce nom sont, en général, aigrés; ils rougissent le papier de tournesol, ils saturent les bases salifiables, et donnent par là naissance à des combinaisons nouvelles qu'on désigne sous le nom de sels.

ACIDE CITRIQUE. Cet acide est contenu abondamment dans le suc du citron. Il existe dans beaucoup de végétaux, libre ou combiné, et souvent mêlé à d'autres acides. On le trouve dans le commerce, soit à l'état liquide, soit en cristaux qui le fournissent pur.

ACIDE HYDRO-CHLORIQUE. Cet acide, qu'on désignait sous les noms d'*acide muriatique* et *esprit de sel marin*, de la substance dont on l'extrait, est formé d'hydrogène et de chlore. On le trouve abondamment dans le commerce. On doit le tenir renfermé dans des flacons bien fermés par des bouchons de cristal, car il est volatil, et s'échappe dans l'atmosphère, où il donne naissance à des fumées blanches, qui résultent de la combinaison des vapeurs de cet acide, qui se combinent avec l'eau qui se trouve en dissolution dans l'air.

ACIDE HYDRO-CHLORO-NITRIQUE. Cet acide, qu'on nommait autrefois *eau régale*, parce qu'il dissout l'or, qu'on appelait le *roi des métaux*, prit ensuite le nom d'*acide nitro-muriatique*. Il résulte du mélange d'acide nitrique à 33 degrés, et d'acide hydro-chlorique à 20 degrés. On les mêle en différentes proportions selon l'usage qu'on en veut faire ; on doit suivre exactement les formules.

ACIDE NITRIQUE. On l'appelle vulgairement *eau-forte*. Cet acide est le produit de la décomposition du nitrate de potasse (salpêtre) par l'acide sulfurique. C'est un des produits chimiques qui n'est pas du ressort des manufactures dont nous nous occupons. On le trouve dans le commerce; il est souvent falsifié par l'addition de l'acide sulfurique ou de l'acide muriatique. Pour l'avoir pur, il faut le prendre chez un bon fabricant de produits chimiques.

ACIDE OXALIQUE. Cet acide est contenu tout formé, et dans l'état de combinaison, dans les racines, les écorces, les feuilles et les fruits de beaucoup de végétaux. On l'extrait par des opérations chimiques qu'il serait superflu de rapporter ici. On le trouve, tout préparé, dans le commerce.

ACIDE SULFURIQUE. On avait donné à cet acide les noms d'*acide vitriolique, huile de vitriol*. Il est le résultat de la combinaison du soufre avec l'oxigène. L'usage de cet acide est plus répandu que celui de tous les autres. On le trouve abondamment dans le commerce, et à très bas prix.

ACIDE TARTARIQUE OU TARTRIQUE. Cet acide existe tout formé dans la crême de tartre qui est un *tartrate de potasse*. On l'extrait en grand de ce sel, pour les besoins de l'industrie, et on se le procure facilement par la voie du commerce.

ALCOOL. On le nomme vulgairement *esprit de vin*. L'alcool est le produit de la distillation du vin : on le trouve dans le commerce : le plus rectifié, à 36 degrés (Baumé). Pour l'avoir à 40 ou 42 degrés, on met dans le bain-marie d'un alambic, une velte (sept litres et demi) d'alcool à 34 degrés, pendant six heures environ, en contact avec deux cent cinquante grammes de chlorure de calcium en poudre, et l'on distille ensuite. Quelques praticiens l'ont obtenu à 45 degrés, en mêlant sept litres et demi d'alcool à 40 degrés avec un kilogramme et demi de chlorure de calcium, et distillant après avoir laissé pendant six heures en digestion.

AMIDON TORRÉFIÉ. Bouillon-Lagrange a fait connaître, le premier, que l'amidon, légèrement torréfié, acquiert la propriété de se dissoudre dans l'eau comme la gomme, à la température ordinaire. L'amidon réduit en poudre se torréfie dans une poêle à une douce chaleur, en ayant soin de remuer continuellement avec une spatule de bois, jusqu'à ce que la matière ait acquis une couleur gris-cendré.

L'amidon ainsi préparé prend une saveur

douce mucilagineuse, et devient entièrement soluble dans l'eau froide. L'eau chaude en dissout davantage. Dans les deux cas, la dissolution acquiert une transparence parfaite, semblable à une dissolution de gomme. Si l'on évapore jusqu'à siccité, on obtient une masse solide, cassante, soluble dans l'eau, et qui, comparée à la gomme, n'offre aucune différence.

AUGE. C'est un vase en bois ou en pierre, ordinairement d'une forme carrée ou rectangulaire, destiné à contenir des liquides. (*Voyez* BACHE.)

B.

BACHE. Caisse en métal ou en bois, souvent doublée de plomb laminé, destinée ordinairement à contenir de l'eau ou d'autres liquides.

BAQUET. On donne le nom de *baquet* à un vase de bois rond formé de douves, contenues par des cercles de fer. Ce vase a un fond en bois; il doit être capable de contenir les liquides sans qu'il s'en échappe la moindre goutte. On fait quelquefois des vases carrés qui ont le même but; on leur donne faussement le nom de *baquets;* on doit leur conserver celui d'*auges* ou *augets*, selon leur capacité. On les nomme aussi *bâches.*

BLANCHISSAGE. On donne le nom de *blanchissage* à la manipulation par laquelle on nettoie les étoffes qui ont été salies par quelque cause quelconque ; mais l'opération qu'on leur fait subir pour les décrasser et leur donner le blanc nécessaire pour les soumettre aux travaux de l'imprimeur se nomme *blanchîment*. Nous en avons traité au Chapitre Ier de l'impression des étoffes de coton, §. 3, page 23.

BILBOQUET. C'est une plaque de bois de six lignes de large sur trois pouces de long, doublée en drap collé par-dessus. Il porte un manche au milieu de sa longueur, sur la surface opposée au drap. Il sert à poser l'or ou l'argent sur le papier qu'on veut dorer ou argenter.

BOIS JAUNE. Bois du *morus tinctoria*. Il nous est envoyé des Antilles et de Tabago ; on le trouve dans le commerce sous forme de bûches d'une couleur jaune, ayant des veines d'un jaune orangé ; il est léger et compacte. Ce bois est riche en matière colorante.

BRÉSIL (*bois de*). Sous le nom de bois de Brésil, on trouve dans le commerce les bois de Bimas, de Sainte-Marthe, d'Aniola, de Nicaraga, de Siam ou de Sapan, etc., qui sont moins riches en couleur que le bois de Fernambouc, qui est le véritable *bois de Brésil*. Ces bois contiennent presque tous une quantité assez considérable d'une couleur fauve qui ternit le lustre du rouge, et oppose des obstacles dans l'impression des toiles.

Pour extraire ce pigment fauve, on doit, après avoir extrait les couleurs par l'ébullition ou par l'action de la vapeur de l'eau bouillante, et avoir rapproché le liquide autant qu'il est nécessaire, et l'avoir réduit dans la proportion convenable, le laisser refroidir pendant vingt-quatre heures; on verse alors, sur quinze kilogrammes de liquide, deux kilogrammes de lait écrémé. Après avoir bien remué ce mélange, on le fait bouillir pendant quelques minutes, puis on le filtre à travers un morceau de flanelle bien serrée. La couleur fauve s'attache à la partie caséeuse du lait, qui se précipite d'elle-même dans cette décoction, sans causer la moindre perte dans la quantité de couleur rouge. On fait ensuite rapprocher la liqueur par l'ébullition, si cela est nécessaire.

C.

CADRES. Ce sont des instrumens que la *fig.* 11, *Pl.* I, représente, et que nous avons décrits Chapitre II, §. I de la Troisième Partie du premier

Manuel, page 177. On fixe un bout de la pièce sur la première traverse du cadre supérieur, on la passe successivement sur la traverse du cadre inférieur, puis sur celle du cadre supérieur, et ainsi de suite jusqu'à ce qu'on soit arrivé à la fin de la pièce; on tend bien et l'on fixe l'extrémité par des ficelles au liteau le plus près.

CALANDRE. C'est une espèce de laminoir pour lustrer les étoffes. Nous l'avons décrit page 29.

CALICOT. Toile de coton tissée sur un métier de tisserand, à deux marches, comme la toile de lin ou de chanvre : cette toile n'est pas croisée. Elle sert, en blanc, pour faire des chemises, des rideaux, des draps de lit, etc. Ce sont ces sortes de toiles qu'on imprime ordinairement.

CAMPÊCHE (*bois de*) ou BOIS D'INDE. L'arbre qui fournit ce bois est l'*hœmatoxylon campechianum*, L. Il croît en abondance dans les Antilles et dans la baie de Campêche, d'où il a tiré son nom. Il est apporté en grosses bûches dépouillées de leur aubier; il est d'un brun noirâtre, très dur et susceptible d'un beau poli. Il est très riche en principe colorant, qui est soluble à froid dans l'eau, et dans ce cas, la liqueur est rouge-foncé; par l'ébullition celle-ci devient plus chargée. Le commerce le fournit en grande abondance.

CARTE DÉDOUBLÉE. C'est un morceau de *papier pâte*, c'est-à-dire non collé, ou bien une carte dédoublée, avec les bavures de laquelle on prend l'or pour le porter sur le lieu où l'on désire le fixer.

CHASSIS. On donne ce nom à une sorte de caisse dont le fond est en toile cirée qui repose sur la *fausse couleur*, et qui reçoit le tamis sur lequel le *tireur* étend la couleur que l'imprimeur prend avec la planche. C'est la seconde des pièces qui forme le *baquet*. (*Voyez* ce mot, à la page 35, où le *châssis* est décrit.)

CHLORURE DE CHAUX. C'est une combinaison de chlore et de chaux, que le fabricant de produits chimiques prépare en grand, et qu'on trouve abondamment dans le commerce. Le chlorure de chaux est employé pour blanchir les étoffes de lin ou de coton.

COUPEROSE BLEUE. On la nomme aussi *vitriol de Chypre*; les chimistes désignent cette substance sous le nom de *sulfate de cuivre*; elle résulte de la combinaison de l'acide sulfurique avec l'oxide de cuivre. On la trouve dans le commerce.

COUPEROSE VERTE. Cette substance, que les

chimistes nomment *sulfate de fer*, se trouve abondamment dans le commerce. Elle résulte de la combinaison de l'acide sulfurique avec l'oxide de fer.

CUVE DE BLEU A FROID. On la prépare ainsi qu'il suit : On remplit d'eau, à peu près à moitié de sa capacité, une tonne de quatre à cinq cents litres; on ajoute six livres de sulfate de fer (couperose verte du commerce), quatre à cinq livres d'indigo broyé au moulin, trois livres de chaux éteinte à l'eau, et une livre de soude ou de potasse du commerce. On pallie pendant un quart-d'heure, et on laisse reposer deux ou trois heures. Lorsque le bain est devenu d'un vert jaunâtre, et qu'il manifeste à sa surface des veines bleues, des plaques cuivrées, et une belle fleurée, on achève de remplir la cuve d'eau, on la pallie, on la laisse reposer cinq ou six heures, et l'on teint. On entretient ces cuves selon l'art.

D.

DÉBOUILLI. On donne ce nom à l'opération par laquelle on enlève la teinture à une pièce de toile qu'on veut déteindre. On la soumet d'abord à l'action d'une lessive alcaline, de potasse ou de soude; on lui fait ensuite subir une ou plu-

sieurs immersions dans le chlorure de chaux ;
après cela on l'expose sur le pré.

DÉBRÉAGE. (*Voyez* EMBRÉAGE.)

DÉCANTER. Lorsqu'on a fait une dissolution
qui a produit un précipité, on laisse bien reposer, et l'on sépare le liquide clair par inclinaison. On désigne cette opération par le mot *décanter.*

DÉGRAISSAGE. Nous en avons traité très au
long. (*Voyez* page 5.)

DISSOLUTION D'ÉTAIN. C'est de l'étain dissous
dans l'acide *hydro-chloro-nitrique.* Ce sel est aussi
appelé *muriate d'étain* ou *hydro-chlorate d'étain.*
On emploie beaucoup de formules différentes,
tant pour la composition de l'acide hydro-chloro-
nitrique, que pour la quantité d'étain qu'on y
fait dissoudre. On doit donc s'en tenir aux recettes données par les formules qui désignent les
quantités appliquées aux divers cas. (*Voyez* HY-
DRO-CHLORATE D'ÉTAIN.)

DOCTEUR. C'est le nom que les Anglais ont
donné à une lame mince d'acier qui sert à enlever de dessus les planches à imprimer, métalliques, ou de dessus la surface des cylindres, le
mordant ou la couleur qui précède celle qui doit

rester dans la gravure. On désigne encore cette lame sous le nom d'*essuyeur*. (*Voyez* page 43.)

E.

EAU-FORTE. (*Voyez* ACIDE NITRIQUE.)

ÉCOPE. Pelle de bois creuse qui sert à puiser l'eau à une petite profondeur, et à la rejeter à une distance médiocre.

EMBRÉAGE (*levier d'*). Nous l'avons décrit avec figure, page 13.

ENCAUSTIQUE. Le fabricant de papiers peints veloutés donne ce nom au mordant dont il se sert pour retenir, sur le papier, la poussière de laine ou tontisse ; ce mordant est formé d'huile de lin rendue siccative par la litharge, et broyée ensuite avec la céruse. (*Voyez* page 216.)

ESPRIT DE VIN. (*Voyez* ALCOOL.)

ESSUYEUR. (*Voyez* DOCTEUR.)

F.

FERLET. Liteau en forme de T, qui sert à placer les pièces sur l'étendoir.

FUMAGE. Opération par laquelle on s'empare de quelques parties de mordant qui ne sont pas combinées avec la toile. Pour y parvenir, on les passe dans un bain d'eau dans lequel on a dé-

layé assez de bouse de vache pour le verdir. On
fait chauffer jusque près de l'ébullition, on laisse
la pièce une demi-heure dans le bain, on la
rince dans l'eau courante et on laisse bien égoutter.

G.

GARANÇAGE. On donne ce nom à l'opération
par laquelle on teint les pièces en rouge dans un
bain de garance. (*Voyez* page 73.)

GAUDAGE. Opération par laquelle on teint les
pièces en jaune dans un bain de gaude. (*Voyez*
page 76.)

GAZOMÈTRE. Cloche métallique plongée dans
un vase plein d'eau, et qu'on immerge en entier
dans ce bain toute renversée. Pour être sûr qu'il
n'y reste pas d'eau, on fixe un petit robinet à
son fond. On le laisse ouvert tout le temps qu'on
la plonge, jusqu'à ce que le robinet soit immergé,
alors on le ferme. On dirige le gaz hydrogène
carboné sous la cloche; par sa légèreté il occupe
la place supérieure; il élève la cloche, et ensuite
en ouvrant un robinet on dirige le gaz vers les
becs où il doit se brûler.

H.

HYDRO-CHLORATE D'ÉTAIN. Ce sel est un produit de l'art. Il résulte de la dissolution d'étain
pur, dans un mélange d'acide nitrique et d'a-
cide muriatique, qui constituent l'acide hydro-
chloro-nitrique (eau régale). La manipulation
est la même que celle que nous avons décrite
pour la fabrication du *nitrate de fer*, page 142; la
seule différence consiste à employer l'acide *hydro-
chloro-nitrique*, au lieu d'acide nitrique, en y projetant, par petites parties, de l'étain de Malaca,
en grenaille ou en rubans, au lieu de fil de fer.

Ce sel se nomme aussi *muriate d'étain*, et
dans les ateliers *dissolution d'étain*. Nous avons
dit à ce dernier mot, que la composition varie
dans les divers ateliers relativement aux doses;
nous allons donner ici les recettes les plus usitées. Nous les distinguerons par des numéros.

N° 1. Dans un demi-kilogramme (une livre)
d'acide nitrique, à 24 degrés de Baumé, on fait
dissoudre d'abord soixante-un grammes (deux
onces) de sel ammoniac en poudre (1), puis
successivement, et par petites parties, soixante-un

---

(1) Quelques fabricans composent encore l'acide
hydro-chloro-nitrique avec l'acide nitrique et le sel

grammes (deux onces) d'étain pur et effilé , ou au moins en grenaille. La dissolution étant faite, on laisse reposer quelques heures ; on décante le clair, et on y ajoute un quart en poids d'eau pure.

N° 2. On fait dissoudre soixante-un grammes (deux onces) d'étain dans un demi-kilogramme d'acide hydro-chloro-nitrique , composé de cent cinquante-trois grammes (cinq onces) d'acide nitrique à 24 degrés, et trois cent trente-six grammes (onze onces) d'acide hydro-chlorique à 22 ou 24 degrés.

N° 3. Trente-un grammes (une once) d'étain mis en dissolution dans de l'acide hydro-chloronitrique , composé de cent vingt-deux grammes (quatre onces) d'acide nitrique , et soixante-un grammes (deux onces) d'acide hydro-chlorique , et auquel on aura ajouté soixante-un grammes (deux onces) d'eau.

N° 4. Acide hydro-chlorique , cent quatre-vingt-quatre grammes (six onces) ; — acide nitrique deux cent quarante-cinq grammes (huit onces) ; — eau pure, deux cent quarante-cinq grammes (huit onces) ; — étain grenaillé, cent

ammoniac. La composition la plus sûre est cependant d'employer l'acide nitrique et l'acide hydro-chlorique.

vingt-deux grammes (quatre onces); — acétate de plomb (*sel de Saturne*) trente-un grammes (une once).

Mêlez, dans un vase de verre ou de grès, les acides avec l'eau; jetez-y l'étain par petites portions, en observant, comme dans les dissolutions précédentes, d'attendre que les premières soient dissoutes avant d'y en ajouter d'autres. La dissolution d'étain achevée, mettez-y le sel de Saturne, remuez bien et prenez-le clair. Cette dissolution sert surtout pour les jaunes.

N° 5. Faites dissoudre, dans l'eau, du sel d'étain qu'on trouve tout formé dans le commerce, et ajoutez quantité suffisante d'acide nitrique pour rendre limpide la dissolution aqueuse. Cette dissolution s'emploie surtout pour les rouges de bois de Brésil.

N° 6. Acide nitrique, un kilogramme (deux livres); — acide hydro-chlorique, un kilogramme et demi (trois livres); — étain, quatre cent-vingt-huit grammes (quatorze onces); — sel de Saturne, cent quatre-vingt-quatre grammes (six onces).

Faites dissoudre l'étain peu à peu dans les acides mélangés, ajoutez le sel de Saturne, décantez ensuite et employez la dissolution à six degrés de Baumé. Cette dissolution convient pour faire les rouges de Brésil, de Sainte-Marthe, de Nicaragua.

HYDRO-CHLORATE DE POTASSE. C'est un sel qu'on trouve facilement dans le commerce, et qui résulte de la combinaison du sous-carbonate de potasse à l'état de pureté, avec l'acide hydrochlorique également à l'état de pureté.

I.

INDIENNES. C'est le nom qu'on donne vulgairement aux calicots imprimés. Les premières étoffes de cette espèce nous vinrent de l'*Inde*, ce qui leur fit donner le nom d'*indiennes*, qui leur a été conservé assez généralement : cependant on les nomme *toiles peintes*.

L.

LEVIER D'EMBRÉAGE. (*Voyez* EMBRÉAGE.)

LEVIER POUR IMPRIMER. Nous l'avons décrit page 47. (*Voyez* aussi le §. VIII du Chapitre Ier du *Manuel du Fabricant de Papiers peints*, p. 205, où nous avons fait connaître l'avantage qu'il présente sur l'emploi du maillet pour l'impression.)

M.

MACHINE PNEUMATIQUE. Cette machine, décrite dans tous les ouvrages de physique, est généralement connue. Elle est employée pour priver d'air, ou faire le vide dans des vases que l'on soumet à son action. Nous avons décrit, page 21, la machine ingénieuse par laquelle Samuel Hall supplée à cette machine.

METTEUR SUR BOIS. On donne ce nom à l'ouvrier dont la principale fonction, dans l'atelier des graveurs sur bois, consiste à tracer, avec un instrument tranchant, sur les planches dont on doit se servir pour imprimer, le dessin que le dessinateur a composé.

MINE-ORANGE. C'est une couleur rouge-orangé qui se fabrique presque exclusivement à Clichy, près de Paris, pour les fabricans de papier peint. C'est un protoxide de plomb comme le minium, mais il n'est pas, comme ce dernier, le produit de la calcination du *massicot*. On l'obtient par la calcination du blanc de plomb, de la même manière qu'on calcine le massicot, mais la difficulté de la préparation en rend le prix beaucoup plus élevé que celui du minium.

MOLETTE. Le fabricant de toiles peintes donne le nom de *molettes* à des cylindres plats en acier sur lesquels sont gravés en relief les dessins que l'on veut transporter sur les cylindres de cuivre qui servent à imprimer les toiles. Ces molettes sont trempées, elles sont montées sur un fût, et c'est par une pression suffisante que l'on imprime en creux ces mêmes dessins sur la surface convexe du cylindre en cuivre. Ces molettes exigent beaucoup de régularité dans leur gravure.

Voici comment on opère dans les États-Unis d'Amérique pour obtenir des molettes parfaites, d'après les procédés inventés par MM. Perkins, Fairman et Heath.

Ils emploient l'acier fondu de la meilleure qualité, après l'avoir tourné de la grandeur et de l'épaisseur convenable pour la molette qu'ils veulent faire; ils le décarbonisent. Pour cela, on l'enferme dans une boîte de fer fondu dont toutes les parois sont de neuf à dix lignes d'épaisseur, ainsi que le couvercle, qui doit fermer très exactement. L'acier doit être environné d'une couche de limaille de fer pur, non oxidé, et dépouillée de toute matière étrangère : cette couche doit avoir au moins six lignes d'épaisseur. On lute parfaitement le couvercle. On expose cette boîte ainsi préparée à une chaleur blanche pendant quatre heures; ensuite on laisse éteindre le feu; et, afin d'empêcher l'accès de l'air dans la boîte, on recouvre le tout d'une couche de fraisil fin de charbon, de six à sept pouces d'épaisseur.

Lorsque le tout est parfaitement refroidi, on retire la molette, qui n'est plus que du fer très pur, mais qui est devenue presque aussi molle que du plomb.

On fait graver en creux par un excellent graveur la surface convexe de la molette, après quoi on la recarbonise et on la trempe.

Pour opérer cette recarbonisation ou nouvelle conversion en acier, on prend une boîte de fonte de fer, semblable à celle dont nous avons parlé plus haut; on la remplit de charbon animal en poudre très fine; on place la molette gravée au milieu, de manière qu'elle soit entourée de toutes parts d'un pouce au moins de cette poudre, et on lute bien le couvercle. On place la boîte dans un fourneau de fusion pour le cuivre; on gradue le feu jusqu'à ce que la boîte soit arrivée un peu au-dessus de la chaleur rouge : on la laisse dans cet état pendant l'espace de trois à cinq heures, selon l'épaisseur de la pièce d'acier. Trois heures suffisent pour une pièce de six lignes (quatorze millimètres) d'épais; il en faut cinq pour une pièce de dix-huit lignes (quarante-un millimètres) d'épaisseur. Il ne reste plus alors qu'à la tremper.

On prend la molette avec des pinces; on la

plonge verticalement dans l'eau froide, en l'y promenant. On évite par là qu'elle ne se fausse, ou ne se casse, lorsqu'on la jette à plat dans l'eau. On la revient alors paille; ensuite on la monte sur un axe très fort, et elle sert de matrice pour former des molettes en relief. On en forme deux à la fois par le procédé suivant.

Après avoir décarbonisé de la même manière deux molettes de même diamètre et de même épaisseur que la matrice, on les place toutes les trois sur une forte machine, construite exprès pour cela. La matrice est placée au milieu; les deux autres sont portées chacune sur son axe et tenues verticalement par des chariots à coulisse, en contact avec la matrice, aux deux extrémités du même diamètre. De fortes vis les poussent continuellement contre la matrice. Une manivelle, qui tient à l'axe de la matrice, la fait tourner; dans son mouvement elle entraîne les deux autres, qui, par la pression, se gravent en relief. Les traits les plus délicats, comme les plus gros, se rendent en relief avec une perfection admirable.

Lorsque l'opération est terminée d'une manière satisfaisante, on les recarbonise, on les trempe, et on les revient comme la première. Ce sont ces molettes en relief qui servent à graver les cylindres.

MORDANT. On doit entendre, par *mordant*, une substance qui sert d'intermédiaire entre la matière à teindre et le principe colorant; et qui en facilite la combinaison, ou modifie en même temps la nuance. On donne, en général, le nom d'*altérans* à ceux qui sont dans le dernier cas. On conçoit quelle attention méritent les mordans, puisque par eux les couleurs acquièrent et plus d'éclat et plus de solidité.

MOTEUR. On nomme ainsi tout agent qui est capable d'imprimer le mouvement à un corps inerte ou à une machine. Les moteurs que l'on emploie communément pour mettre en mouvement les machines, sont : 1°. les moteurs animés; 2°. les courans d'eau; 3°. le vent; 4°. la force expansive de la vapeur d'eau ou des fluides élastiques; 5°. les poids et les ressorts. Les effets que ces moteurs produisent peuvent toujours être comparés à des poids élevés à une hauteur déterminée.

MOULINET. C'est un instrument qui sert dans les ateliers de teinture pour plonger les pièces dans le bain et pour les en retirer. C'est une sorte de cylindre à jour formé de plusieurs liteaux de bois cloués sur la circonférence de trois ou quatre plateaux de bois circulaires enfilés par un axe, en bois, traversé dans toute sa longueur par un axe en fer, ayant à chacune de ses extrémités une manivelle. Cet axe, en fer, est porté par un support, en fer, à chaque bout, et le tout est placé au-dessus de la cuve ou de la chaudière. La pièce est enroulée sur le moulinet, et on l'élève ou on l'abaisse à volonté.

N.

Noix de galle. *Galla tinctoria*, L. On donne ce nom à une excroissance arrondie qui se forme sur les feuilles de diverses espèces de chênes, par suite de la piqûre d'un insecte. Les meilleures sont celles que l'on récolte sur le *quercus infectoria*, L., petit arbre tortu, qui croît dans l'Asie-Mineure, et principalement aux environs d'Alep. Elles se distinguent en plusieurs sortes, dont la plus estimée, nommée *galle noire*, ou *galle verte d'Alep*, est d'une couleur brune verdâtre à l'extérieur, et hérissée de petites éminences.

O.

Orpiment. C'est un sulfure d'arsenic, qu'on trouve dans le commerce, et qu'on emploie pour désoxigéner l'indigo, et le rendre soluble dans les alcalis. On se sert de sa dissolution dans l'ammoniaque, liquide et concentrée, pour teindre en beau jaune la laine, la soie et le coton. L'orpiment est vénéneux, et l'on doit, par conséquent, prendre des précautions lorsqu'on veut le réduire en poudre.

P.

PAPIER-PATE. (*Voyez* CARTE DÉDOUBLÉE.)

PICOTS. On donne ce nom à quatre pointes de laiton qui doivent former un carré ou un rectangle parfait, et qui sont implantées aux quatre coins, du côté de la gravure d'une planche à imprimer. Ces pointes débordent très peu la surface de la gravure. Ce sont elles qui par la surface plane de leur partie saillante se chargent de couleur, comme le reste de la planche, et déposent cette couleur sur la pièce qu'on imprime. Ces quatre points sont les *repères*, qui indiquent la place sur laquelle on doit appliquer la planche en en répétant l'impression, afin de suivre exactement le dessin. On leur donne, par cette raison, le nom de *picots de rapport*, ou *de repère*.

PINCEAUTAGE. C'est l'action de *pinceauter*. Les

ouvrières, car ce sont presque toujours des femmes, ont le nom de *pinceauteuses*. Elles sont chargées, dans les manufactures de toiles peintes, de faire au pinceau, et avec des couleurs d'application, des dessins si petits ou si éloignés les uns des autres, qu'il serait difficile et moins économique de les exécuter à la planche.

PIQUETS. On enfonce verticalement dans le courant de la rivière ou d'un ruisseau assez profond, et dont l'eau est bien courante, des pieux arrondis auxquels on attache les pièces de toile pour les faire dégorger. Lorsque les pièces sont entières, on se contente de les placer, sur les piquets, par le milieu de leur longueur, de sorte que l'eau ne peut pas les entraîner.

PLANCHES A IMPRIMER. Les planches en bois, dont se sert l'imprimeur, doivent toujours conserver leur surface plane; sans cela, l'impression n'aurait aucune régularité. Il arrive cependant quelquefois que ces planches se voilent, se tourmentent ou gauchissent; alors il est important de les redresser. On y parvient assez facilement en mouillant avec une éponge le côté creux, et en exposant, devant un feu doux, le côté convexe. Il ne faut pas brusquer la chaleur.

POTASSE. La *potasse*, que les chimistes appellent

deutoxide de potassium, est un sel alcalin qu'on retire par lixiviation des cendres des végétaux. On la trouve abondamment dans le commerce.

PYRO-LIGNATE DE FER. C'est un sel qui résulte de la combinaison de l'*acide pyrolignique* avec l'oxide de fer. Cet acide, qui n'est autre chose que l'acide acétique extrait du bois pendant sa carbonisation, est identique avec l'acide acétique produit par les liqueurs fermentées. On lui a conservé ce nom pour le distinguer de l'*acétate de fer* obtenu par le vinaigre ordinaire, par l'appareil de la *tonne au noir*. (*Voyez* ce mot.)

Q.

QUERCITRON. L'écorce du *quercus nigra*, L., se nomme quercitron. On en sépare avec soin l'épiderme, qui donnerait une couleur brunâtre, et on réduit ensuite l'écorce en poudre. Cet arbre est indigène de la Pensylvanie, des Carolines et de la Géorgie, qui nous le fournissent par la voie du commerce. Une partie de cette poudre donne autant de matière colorante que huit ou même dix parties de gaude, et autant que quatre parties de bois jaune. La couleur qu'elle donne se rapproche beaucoup de celle de la gaude.

QUERCITRONNAGE. On donne ce nom à l'opé-

ration par laquelle on teint en jaune dans un
bain d'écorce de *quercitron.*

R.

RÉFRIGÉRANT. C'est le nom qu'on donne à un
vase rempli d'eau froide destinée à liquéfier des
vapeurs dans la distillation, et qu'on applique à
d'autres substances qu'on veut dépouiller du ca-
lorique qu'elles renferment.

RENTRAGE. Dans l'impression des étoffes,
c'est l'action par laquelle on imprime à l'aide des
rentrures.

RENTRURES. Ce sont des planches qui servent
à porter des couleurs ou des mordans dans l'espace qui a été couvert par la première planche.
Ces couleurs ou ces mordans *rentrent* dans des
espaces laissés vides par la première planche;
et c'est par cette raison qu'on les nomme *ren-*
trures.

REPÈRES. (*Voyez* PICOTS.)

RÉSERVES. Dans l'art de l'impression des
toiles, on donne le nom de *réserves* à certaines
préparations que l'on applique sur quelques parties de l'étoffe, dans la vue de les préserver de
l'action du bain colorant, et de conserver leur
blancheur sur ces parties réservées, afin de leur

donner plus tard, si cela est nécessaire, une teinte ou couleur différente de celle que la pièce a prise dans le bain.

RONGEANS. On donne ce nom à certaines substances dont on se sert, dans l'impression des toiles, pour enlever quelques portions des mordans appliqués sur l'étoffe, ou bien, pour modifier, changer ou virer les couleurs déjà appliquées.

ROUSSI. On donne le nom de *roussi* à l'opération par laquelle on enlève aux calicots une espèce de duvet qu'on remarque à leur surface, et qui, en s'opposant à ce que la couleur prenne bien partout, empêcherait l'impression d'être parfaitement nette.

S.

SECTEUR. C'est la portion d'un cercle comprise entre la circonférence et une corde de ce cercle. Une perpendiculaire, élevée sur le milieu de la corde, et aboutissant à la circonférence, se nomme la *flèche du secteur;* de sorte que si la corde passait par le centre, elle serait le diamètre de ce cercle, et le rayon en serait la *flèche.*

SOUDE. Sel alcalin qu'on ne se procurait autrefois que par la lixiviation des cendres d'une plante qu'on cultive sur le bord de la mer, et qu'on nomme *salsola soda.* Aujourd'hui on l'extrait du sel marin (deuto-hydro-chlorate de soude).

SUBLIMÉ CORROSIF. Nom ancien que l'on a donné pendant long-temps à un sel très vénéneux que l'on obtient de la combinaison du chlore avec le mercure, et qu'on nomme aujourd'hui *deuto-chlorure de Mercure.*

SULFATE D'INDIGO. Dissolution d'indigo par l'acide sulfurique. (*Voyez* page 160.)

SUR (*passage au*). C'est passer les toiles dans un bain d'eau pure acidulée par une petite quantité d'acide sulfurique. (*Voyez* page 27.)

T.

TAMIS. C'est une pièce de drap sur laquelle le *tireur* étend les couleurs que l'ouvrier prend avec la planche dans l'impression des étoffes et du papier.

TASSEAU; que les ouvriers appellent TRASSEAU. C'est un morceau de bois dur de deux ou trois décimètres de long, qui a un pied à chacune de ses extrémités, afin d'appuyer parfaitement sur la planche à imprimer, à l'aide du levier, sur l'extrémité duquel appuient fortement l'ouvrier et son *tireur.* (Voyez *fig.* 14.)

TIREUR. C'est le nom qu'on donne, dans l'impression des étoffes, au petit aide de l'imprimeur.

TONNE AU NOIR. On donne ce nom à un tonneau dans lequel on prépare la solution ferrugineuse qui sert à teindre en noir. Voici la recette qu'en donne le savant Vitalis :

« On monte la tonne au noir avec six litres de vinaigre ordinaire pour chaque livre de fer rouillé ; on soutire trois fois par jour environ la vingtième partie de la liqueur, et l'on reverse à chaque fois dans la tonne. Au bout d'un mois, on pourra se servir du bain ; mais plus il est ancien, meilleur il est.

« On fera très bien d'ajouter aux ingrédiens de la tonne au noir vingt ou vingt-cinq livres (dix à douze kilogrammes et demi) d'écorce d'aune, parce qu'il est reconnu que cette écorce dissout une assez grande quantité d'oxide de fer ; ce qui la rend très avantageuse pour monter les *tonnes au noir.* »

V.

VAPEUR. Lorsqu'on emploie ce mot sans caractériser la nature de cette vapeur, on est censé parler de la vapeur que donne l'eau bouillante. La vapeur est employée dans beaucoup d'ateliers pour échauffer les cuves et les bains ; elle échauffe le liquide plus que ne pourrait le faire un foyer placé en dessous d'une cuve en cuivre ou en fer. La vapeur a une action marquée sur les principes colorans, et les dissout très bien. (*Voyez le* §. XII du Chapitre Ier de la troisième Partie, de l'impression des étoffes de soie, p. 171.)

Comme la vapeur a une très grande force d'expansion, il faut bien calculer la résistance des parois du vase dans lequel on échauffe l'eau, et y ménager toujours une soupape qui puisse s'ouvrir avant que la vapeur ait acquis assez de force pour faire éclater ce vase.

Virer. C'est l'opération au moyen de laquelle on change une couleur ou un ton de couleur en un autre : par exemple, en parlant du rouge, *virer* signifie ramener un rouge un peu jaunâtre à une couleur rouge plus prononcée, ou bien faire l'inverse.

FIN.

TABLE DES MATIÈRES

CONTENUES DANS CE VOLUME.

DEUXIÈME PARTIE.

TROISIÈME PARTIE.

MANUEL

DU FABRICANT DE PAPIERS PEINTS.

PREMIÈRE PARTIE.

DEUXIÈME PARTIE.

FIN DE LA TABLE.

www.ingramcontent.com/pod-product-compliance
Lightning Source LLC
Chambersburg PA
CBHW060130200326
41518CB00008B/986